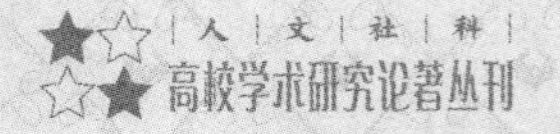

生态文明与美丽中国建设研究

娄瑞雪　著

图书在版编目 (CIP) 数据

生态文明与美丽中国建设研究 / 娄瑞雪著 . -- 北京 :
中国书籍出版社 , 2023.8
ISBN 978-7-5068-9559-0

Ⅰ . ①生… Ⅱ . ①娄… Ⅲ . ①生态环境建设 – 研究 –
中国 Ⅳ . ① X321.2

中国国家版本馆 CIP 数据核字（2023）第 171988 号

生态文明与美丽中国建设研究

娄瑞雪 著

丛书策划 谭 鹏 武 斌
责任编辑 李 新
责任印制 孙马飞 马 芝
封面设计 东方美迪
出版发行 中国书籍出版社
地　　址 北京市丰台区三路居路 97 号 (邮编：100073)
电　　话 （010）52257143（总编室） （010）52257140（发行部）
电子邮箱 eo@chinabp.com.cn
经　　销 全国新华书店
印　　厂 三河市德贤弘印务有限公司
开　　本 710 毫米 ×1000 毫米 1/16
字　　数 210 千字
印　　张 13.25
版　　次 2024 年 1 月第 1 版
印　　次 2024 年 1 月第 1 次印刷
书　　号 ISBN 978-7-5068-9559-0
定　　价 82.00 元

目 录

第一章　新战略：迈进社会主义生态文明新时代，建设美丽中国

党的十八大以来，以习近平同志为核心的党中央站在新时代坚持和发展中国特色社会主义的战略高度，提出了生态文明建设重大战略，并围绕生态文明建设提出一系列新理念新思想新战略，形成了习近平生态文明思想，指引我国生态文明建设发生历史性、转折性、全局性变化。生态文明战略的核心是在经济发展的同时，注重环境保护和生态建设，实现绿水青山就是金山银山，建设美丽中国的目的。为了实施这一战略，我们需要坚持站在人与自然和谐共生的高度来谋划发展，推进绿色、循环和低碳发展。

第一节　生态文明的科学内涵

一、生态文明的内涵

生态文明是人类文明的一种形态，是对传统文明形态特别是工业文明进行深刻反思的成果，它在人类社会的发展过程中起着至关重要的作用。关于生态文明的概念，不同学者从不同的角度都给出过不同的见解，归纳起来，其核心要义都包含以下几个方面的内容：

（1）以生态为基础：在倡导生态文明的背景下，强调人与自然之间的和谐共存，人类的进步不应以牺牲自然环境为代价。我们需要尊重自然、保护生态，这是生态文明的基础。这意味着我们在进行社会经济活动时，需要考虑对生态环境的影响，尽量减少对环境的破坏。

（2）以生态保护和环境改善为目标：生态文明的目标是维护生态环境的健康，并改善人类的生活环境。这包括减少污染、保护生物多样性、防止气候变化等。我们需要通过科技进步和政策引导，推动绿色低碳的生产和生活方式，实现可持续发展。

（3）以生态平衡和可持续发展为原则：生态文明的关注点在于确保生态平衡和实现可持续发展。生态平衡指的是人类活动与自然环境之间的平衡，我们必须避免过度开发自然资源，以保持生态系统的稳定。可持续发展意味着我们的发展方式应能够满足当前需求，同时不损害后代世代的需求。

（4）以生态伦理和生态法治为保障：生态伦理是生态文明的伦理指导原则，要求我们对自然予以尊重，保护生态系统，并关爱环境。而生态法治则是确保生态文明的制度保障，通过法律手段来保护生态环境，预防环境污染和生态破坏。

综上所述，生态文明是指在人类社会发展过程中，以生态为基础，以生态保护和环境改善为目标，以生态平衡和可持续发展为原则，以生态伦理和生态法治为保障，形成的一种全新的文明形态。它是人类文明发展的必然趋势，是人类社会发展的高级阶段。

二、生态文明的理论基础

作为人类文化发展的重要成果，生态文明与生态哲学、生态伦理、生态法治、生态经济、生态文化等理论密切相关，是对这些理论思想的升华与发展。

（一）生态伦理

生态文明是一种价值观和行为准则，旨在实现人类与自然的和谐共生，尊重自然、保护自然、爱护生态环境。生态伦理是生态文明的重要组成部分，它涉及我们对自然界和人类与自然关系的道德和伦理观念。

1. 尊重自然

尊重自然是生态伦理的核心原则之一。它强调人类应该以敬畏和谦卑的态度对待自然界，承认自然拥有自身的价值和权利，而不仅仅是人类利用的资源。

尊重自然也意味着我们要尊重生物多样性，不仅关注人类自身的需求，还要考虑其他物种的生存权利和生态系统的平衡。

2. 保护自然

保护自然是生态伦理的重要任务之一。它要求我们采取积极的措施来保护和恢复生态系统的健康和完整性。这包括维护野生动植物的栖息地，可持续利用水资源，减少土壤侵蚀和水污染等破坏性行为，以及保护自然景观和地球上的自然遗产。

3. 爱护生态环境

爱护生态环境是生态伦理的基本要求之一。它要求我们对待环境负责，采取可持续的生活方式，减少对环境的负面影响。这包括节约能源和资源的使用，减少垃圾和污染物的排放，提倡环境友好的交通方式，如步行、骑自行车和使用公共交通工具，以及推广环保技术和清洁能源的使用。

4. 平衡发展

生态伦理强调平衡发展，即人类的经济、社会和环境发展之间的协调和平衡。这意味着我们应该寻求经济增长和社会进步的同时，保护生态系统的可持续性和稳定性，避免对自然资源的过度开发和破坏。

5. 教育与意识

生态伦理的实践需要教育和意识的支持。教育是培养人们对自然环境重要性和生态系统功能的理解的关键。

意识是个体和社会对生态伦理原则的认同和共识，它可以通过宣传、媒体、社会组织和政府政策的推动来促进。

6. 跨界合作

生态伦理的实现需要各领域之间的合作与协调,涉及政府、企业、非政府组织和公民社会等各方的参与。

跨界合作可以促进信息共享、经验交流和资源整合,提高生态伦理的实践效果和可持续发展的成效。

综上所述,生态伦理是生态文明的重要组成部分,强调尊重自然、保护自然和爱护生态环境的核心原则。通过遵循生态伦理,我们可以实现人与自然的和谐共生,推动可持续发展和建设美丽的地球家园。

(二)生态法治

生态法治是生态文明的重要组成部分,它通过法律手段来保护生态环境、防止环境污染和生态破坏。生态法治的实施旨在建立健全的法律体系,明确环境保护的法律规范和责任机制,促进社会各方的合作与共同参与。

1. 法律体系

生态法治建立在完善的法律体系之上。这包括环境保护法、资源管理法、生态修复法等相关法律法规的制定和完善,确保环境保护的法律框架健全、明确和具体。

同时,生态法治还需要与其他法律领域相协调,如土地法、水法、森林法等,形成统一的法律体系,以保障生态环境的全面保护。

2. 环境保护标准

生态法治要求制定和实施一系列环境保护标准。这些标准涉及排放标准、水质标准、土壤污染防治标准等,旨在明确各种污染物的排放限值和环境质量要求。

环境保护标准的制定需要科学依据和参与各方的广泛讨论,确保标准的科学性、可操作性和适用性。

3. 环境监测与评估

生态法治强调对环境的监测与评估。通过建立环境监测网络和评估机制，可以及时了解环境质量、资源状况和生态系统健康状况，为环境管理和决策提供科学依据。

环境监测与评估需要采集、分析和发布环境数据，提供公众和政府监督的依据，确保环境信息的透明和公开。

4. 环境权益保护

生态法治强调保护公民和组织的环境权益。这包括对环境污染和生态破坏行为的法律制裁和赔偿机制，确保受损方能够获得合理的补偿和修复。

同时，生态法治还需要提供公民和组织参与环境决策的机会，促进环境民主，保障公众的知情权、参与权和监督权。

5. 责任追究与执法监督

生态法治要求加强对环境违法行为的责任追究和执法监督。这包括建立健全的环境执法机构和执法力量，加强执法能力和监督机制，确保环境法律的有效实施。

同时，生态法治还需要建立严格的惩罚机制，对环境违法行为进行法律制裁，以形成有效的威慑作用。

6. 国际合作与交流

生态法治需要加强国际合作与交流。环境问题是全球性的挑战，需要通过跨国界的合作来解决。

通过参与国际环境公约和机制，加强与其他国家和地区的合作，共享经验、技术和资源，促进全球环境治理和可持续发展。

综上所述，生态法治作为生态文明的制度保障，通过法律手段保护生态环境、防止环境污染和生态破坏。它需要建立完善的法律体系，制定环境保护标准，加强环境监测与评估，保护环境权益，加强责任追究与执法监督，并加强国际合作与交流，共同推动可持续发展和建设美丽的地球家园。

（三）生态经济

生态经济是生态文明的经济基石，注重绿色、循环和低碳发展，旨在实现经济增长与环境保护的双赢局面。生态经济将人类经济活动与生态系统相结合，追求资源的有效利用、环境的保护与修复以及社会的可持续发展。

1. 绿色发展

绿色发展是生态经济的核心理念之一。它强调在经济增长的过程中，优先考虑环境的保护和可持续性，减少资源的消耗和环境的污染。

绿色发展要求转变生产方式和消费模式，推动资源的节约利用，提倡绿色技术和清洁能源的应用，减少对自然资源的压力。

2. 循环发展

循环发展是生态经济的重要目标之一。它倡导将废弃物转化为资源，通过循环利用和再生利用来减少资源的消耗和环境的污染。

实现循环发展需要建立完善的循环经济体系，推动废弃物的分类回收、资源的再利用以及能源的有效利用，以减少资源浪费和环境负担。

3. 低碳发展

低碳发展是生态经济的重要方向之一。它强调减少温室气体的排放，降低其对气候变化的影响，推动低碳技术和清洁能源的发展和应用。

低碳发展需要减少化石能源的使用，提高能源利用效率，推广可再生能源，促进碳排放权的交易和碳市场的建立。

4. 生态价值观

生态经济强调生态价值观的引导和体现。它认识到生态系统对经济发展的重要性，强调保护生态系统的功能和服务，确保生态资源的可持续利用。

生态经济需要衡量和考虑自然资本的价值，将生态系统的恢复和保护纳入经济决策和评估体系，实现经济增长与生态保护的协调。

5. 环境税费与激励机制

生态经济需要建立环境税费与激励机制。通过对环境污染和资源消耗征收税费，引导企业和个人采取环保行为和绿色生产方式。

同时，生态经济还需要提供经济激励和支持，鼓励绿色创新、绿色产业的发展，推动绿色投资和绿色金融的发展。

6. 可持续发展

生态经济的目标在于实现可持续发展。它强调经济、社会和环境的协调发展，以满足时代的需求，同时保护未来的发展空间，确保资源和环境的可持续利用。

可持续发展需要将经济增长与资源保护、环境修复和社会公平相结合，推动经济的长期稳定和社会的和谐发展。

综上所述，通过绿色发展、循环发展和低碳发展，引导经济活动与生态系统相结合，促进资源的有效利用、环境的保护与修复以及社会的可持续发展。生态经济还强调生态价值观、环境税费与激励机制以及可持续发展的实现，实现经济繁荣与生态平衡的良性循环。

（四）生态文化

生态文化作为生态文明的精神内涵，通过教育和宣传，旨在提高人们的生态意识，培养人们对自然的尊重和保护，形成尊重自然、保护自然的良好社会风尚。生态文化强调人与自然的和谐共生，追求人类与自然之间的平衡和共融。

1. 生态意识的培养

生态文化注重培养人们的生态意识,使人们认识到人类与自然的紧密联系和依赖关系。

通过教育、宣传和公众参与,提高人们对生态环境、生物多样性和生态系统功能的认知,激发人们的环保意识和责任感。

2. 尊重与保护自然

生态文化强调对自然的尊重和保护,将自然视为具有独立价值和权利的存在。

通过传承和弘扬传统文化中对自然的敬畏之情,重视自然资源的节约利用和环境的保护,建立起人与自然之间的和谐关系。

3. 生态美学

生态文化倡导生态美学的观念,认识到自然之美和生态系统的复杂、多样和独特之处。

通过欣赏自然景观、保护自然遗产,以及推崇环保艺术和创作,培养人们对自然美的欣赏和保护意识。

4. 绿色生活方式

生态文化倡导绿色生活方式,鼓励人们采纳低碳、环保的生活方式,以减少对自然资源的消耗和环境的污染。

通过推广可持续的消费和生产模式,提倡简约、循环和共享的生活方式,实现人与自然的可持续发展。

5. 生态伦理与社会风尚

生态文化强调培养人们的生态伦理观念,促进人们在日常生活中形成尊重自然、保护环境的良好社会风尚。

通过教育、宣传和法律法规的引导，倡导环保行为、节约能源、减少浪费和污染等行为，构建可持续发展的社会价值观。

6. 跨文化交流与合作

生态文化鼓励跨文化交流与合作，推动不同地域和民族之间的生态智慧和经验的交流。

通过跨界合作、共享经验和技术，促进全球范围内的生态文化建设和可持续发展。

三、我国生态文明建设的实践

党的十八大将生态文明列入中国特色社会主义“五位一体”的重大战略布局中，显示了党中央对生态文明建设的高度重视和坚定决心。党的十八大以来，我国逐步明确了生态文明建设的方向和重点，并推动生态文明制度建设不断完善。2015 年，中共中央、国务院相继印发《关于加快推进生态文明建设的意见》《生态文明体制改革总体方案》，系统地提出了生态文明建设的基本原则、目标任务、主要措施和保障条件，为生态文明建设提供了全面的理论指导和制度保障。然而，推进生态文明建设的过程并非一帆风顺，其中也面临着许多挑战。首先，如何在经济快速发展和环境保护之间找到平衡点是最大挑战。要实现可持续发展，就必须在经济增长和环境保护之间找到平衡。其次，实施生态文明建设的政策和措施也需要得到全社会的理解和支持，这也是一个挑战。为了克服这些挑战，我国政府采取了一系列的措施，全方位、全地域、全过程加强生态环境保护。

（一）加大宣传教育，树立和弘扬生态文明理念

为了推广和培育生态文明，我们需要进行广泛的宣传和教育活动，以在整个社会中树立并弘扬生态文明的理念。生态文明建设是一项庞大而重要的工程，需要每个人的参与。

环境和生态是由无数微小的部分构成的，因此保护环境和维护生态

并非仅仅是政府、企业和投资者的责任，也是每个公民的责任。如果公民缺乏文明行为，就无法建设出文明的生态环境；同样，如果生态环境缺乏文明，也就无法实现真正的生态文明。因此，推动生态文明建设的首要任务是广泛动员社会各界参与，通过产业结构调整、生产方式转变和生活方式改变，推进生态文明的发展。

我们可以通过多种媒体手段，加强对国家的基本状况、基本国策以及相关法律法规的宣传教育，宣传生态文明建设的成功案例和效果，持续扩大对生态文明的认知和理解，提高公众对环保的意识。同时，通过充分利用社会资源和推广生态文明理念，借助环保非政府组织的桥梁作用，推动各领域和层面实施生态文明理念。

只有通过全社会的共同努力，我们才能够构建一个尊重自然、与自然和谐相处、保护生态环境的生态文明。每个人都应当以文明的态度对待环境和生态，从小事做起，从日常生活中的每个行为开始，为生态文明建设做出贡献，实现可持续发展，留给后代一个更美好的地球家园。

（二）健全制度体系，推动生态文明建设行稳致远

深入理解、实施并推广生态文明的重要性在于它可推动实现可持续的社会经济发展，强化环境保护，改善人民生活质量，并保障未来世代的福祉。通过综合制度设计和体制机制的实施，我们能确保生态文明建设的实施效果和可持续性。

第一，我们要理解市场机制在节能减排中的决定性作用。市场机制提供了一个有利于环保和经济发展相结合的平台，它激励企业和消费者采取环保行动。这一点主要体现在让环境资源的价格反映其真实价值，同时确保消费者和企业承担环境污染的代价。这就需要我们完善相关的法律法规和政策，确保市场主体对环保工作的积极参与，如通过税收政策等经济手段引导生产、消费结构的转型升级，通过碳交易市场实现碳排放的有偿使用和有限空间的合理分配。

第二，我们要关注主体功能区的规划和实施。为实现区域间的协调发展，保护自然生态环境，同时实现经济发展的目标，我们需要进行合理的土地和资源配置。这一过程中，生态补偿机制的建立和实施起到至关重要的作用。通过生态补偿机制，我们可以确保地区之间、上下游地区之间的公平交易，进而减少环境压力，提高生态效益。

第三，建立健全的生态文明标准体系也至关重要。生态文明标准体系是对生态文明建设的规范和指引，它为政策制定与实施提供了科学依据。这其中包括了一系列与资源环境承载能力、生态补偿、生态成本等相关的标准和指标。通过合理的标准体系，我们可以评估和引导生态文明建设的进程，保证其在整个社会经济系统中发挥积极的作用。

第四，我们需要重塑领导干部的考核机制，以环保成效作为重要的考核指标。领导干部的决策和行为对地区的生态环境有着直接的影响。我们需要将生态环保作为衡量其工作绩效的重要指标之一。同时，我们也要确保企业、公众以及其他社会团体的环保责任得以充分落实，形成全社会共同参与的生态环保格局。

第五，我们要不断完善生态环境法规，维护公民的环境权益，推动生态文明建设。法律是生态文明建设的重要支撑，我们需要通过科学、合理的法律手段，让违反生态环境法规的人承担应有的法律责任。此外，我们还需要借助法律力量，推动生态环保和社会经济发展的和谐发展。

综上所述我们可以看到，通过建立健全生态文明制度体系，改革生态环境监管体制机制，可以推动生态文明建设行稳致远，这既对实现我国经济社会发展的目标具有重要的现实意义，也对维护国家的生态安全、实现可持续发展目标具有深远的战略意义。我们需要全社会共同努力，积极推进生态文明建设，让我们的后代能够在一个美丽、健康、和谐的环境中生活。

（三）加强社会参与，推动形成绿色生活方式

生态文明建设是人民群众的共同事业。生态环境是人类生存和发展的根基，建设生态文明惠及民生，公众是受益的主体，也应当是建设的主体。为了加强社会建设，我们需要从多个方面着手。

首先，要加强生态环境教育，提高公众对生态问题的认识和理解。通过开展宣传活动、组织培训和教育课程，让人们了解生态环境的重要性，认识到保护生态环境的责任和义务。同时，我们还应加强对公众参与生态文明建设的引导和激励，鼓励他们积极行动起来，亲自参与到环境保护和生态建设中。

其次，我们要促进民间环保组织的健康发展。这些组织在推动生态

文明建设中发挥着重要的作用,他们能够组织和动员更多的人力,开展各类环保活动和项目。为了促进其健康发展,我们需要建立健全相应的政策和制度,为民间环保组织提供必要的支持和保障,鼓励他们与政府、企业和社区开展合作,共同推动生态文明建设的进程。

最后,我们要加强社会各界的合作和协作。生态文明建设是一个系统工程,需要各方面力量的共同参与和努力。政府、企业、学校、社区和个人都应发挥各自的作用,加强合作,形成合力。政府应制定相关政策和措施,提供支持和引导,为各界的参与提供良好的环境和条件。企业应加强环境管理和责任意识,推动绿色生产和可持续发展。学校应加强环境教育,培养学生的环保意识和责任感。社区应组织和推动各类环保活动,激发居民的参与热情。个人应自觉履行环保义务,改变不良习惯,采取可持续的生活方式。

第二节　美丽中国的科学内涵

一、美丽中国的提出背景

"美丽中国"的概念不仅仅是一种理念,更是一种行动和目标。这一理念的提出,其背后的动力源于多个因素的相互作用,包括面临的环境挑战、人民对美好生活的向往,以及中国的发展战略需求。

首先,此理念的产生,首要原因在于中国对其环境挑战的深度认识。改革开放以来的一段时间,中国处于工业化和城市化快速推进的阶段,这使得资源消耗大增,环境污染严重,生态系统面临极大压力。空气质量下降,水源污染和土地退化的问题日益凸显,同时,对矿产资源的大量消耗也使得资源短缺问题显现。这一现状不仅影响到人们的生活质量,更对中国的长远发展构成了严重威胁。因此,中国共产党提出"美丽中国"的理念,强调环境保护和生态文明建设,表明了中国在发展道路上积极转型,致力于实现经济、社会和环境的和谐发展。

其次,人民对美好生活的需要是推动"美丽中国"理念的重要动力。经过多年的艰辛奋斗,我国社会生产力水平总体上明显提高,国民经济已进入世界前列,人民的温饱问题已经得到了稳定解决,中国社会主要矛盾已经从“人民日益增长的物质文化需要”转变为“人民日益增长的美好生活需要”，这是当前我国的实际。人民群众对于物质文化的需要不仅追求数量，更追求品质，既要金山银山，也要绿水青山。人们希望有清新的空气、安全的食品、优美的环境、绿色的城市和健康的生活。“美丽中国”理念旨在满足人们不断提升的物质和文化需求，让人民享受更高质量的生活。

最后，“美丽中国”的提出反映了中国对可持续发展战略的坚持。中国将生态文明建设纳入中国特色社会主义“五位一体”总体布局中，强调绿色、循环、低碳发展，追求人与自然和谐共生的现代化建设。

综上所述，“美丽中国”理念的提出是中国共产党在深入分析国内外形势、科学把握发展规律、深入理解人民期望的基础上，为实现中华民族伟大复兴的中国梦，为构建人类命运共同体而做出的战略决策。这是中国对于未来发展的新构想，也是对人民群众生活的新期待。

二、美丽中国的概念解读

美丽中国是一个综合而深远的概念，它不仅仅是指物质上的美，更重要的是指精神上的美和生态的美。作为中国化马克思主义生态思想的具体体现，美丽中国反映了中国共产党对国家执政理念的提升，对社会发展规律的深刻认识和前瞻性的体现。美丽中国具有深远的概念，主要包含以下几个方面的内容：

（一）精神上的美

在美丽中国的理念中，精神上的美是一个重要方面。它强调人们培养美好的价值观和道德准则，以促进人类精神世界的提升和全面发展。

1. 尊重自然的价值观

首先，美丽中国倡导尊重自然的价值观，这意味着人们应该从内心深处认识到自然界的重要性和独特价值，将自然看作我们赖以生存的根本基础，而不是仅仅作为资源的供给者。尊重自然的价值观要求我们保护自然、珍惜生物多样性,追求人与自然的和谐共生。

其次,美丽中国倡导社会责任和集体利益的道德准则。在建设美丽中国的过程中,人们应该从个人主义转变为关注社会责任和集体利益。这意味着我们要考虑整个社会的长远利益,而不仅仅是个人或狭隘群体的利益。这需要我们在行为中考虑环境保护、社会公平和可持续发展等因素,追求共同的利益和和谐发展。

2. 关爱他人和共享共荣的价值观

美丽中国倡导关爱他人和共享共荣的价值观,这意味着我们应该培养互助、友爱、关怀和包容的精神,建立和谐的人际关系和社会关系。通过共享资源、分享知识和经验,我们可以实现人类共同发展,共同追求幸福和美好的生活。

总体来说,精神上的美在美丽中国的理念中是非常重要的。它要求人们塑造美好的价值观和道德准则,包括尊重自然、关注社会责任和集体利益,以及关爱他人和共享共荣。通过培养这些美好的精神品质,我们可以促进人类精神世界的提升,创造一个更加美好和和谐的中国。

(二)生态上的美

在美丽中国中,生态美是一个重要的方面,它强调保护和提升生态环境的美。生态美是指自然界的美丽景观、生物多样性的丰富、生态系统的健康和平衡。它不仅是人类赖以生存的基础,也是人类精神愉悦、心灵寄托的重要源泉。

1. 自然景观的壮丽与多样

美丽中国鼓励保护和修复自然景观,包括山脉、森林、湖泊、河流、草原、湿地等自然景观的保护和恢复。这些美丽的自然景观以其雄伟壮丽、宁静祥和、生机勃勃的景象,为人们提供了欣赏、休憩和沉思的场所。人们可以在大自然中感受到它的恢宏和神奇,这种与自然融为一体的体验让人心旷神怡,使人们更加珍惜和爱护自然。

2. 生物多样性的丰富和保护

美丽中国致力于保护生物多样性,包括各种动植物物种的保护和栖息地的保护。生物多样性是自然界的宝贵财富,它使得地球上存在着丰富多样的生命形式。保护生物多样性不仅可以维护生态平衡,保持生态系统的稳定功能,还可以提供食物、药物和其他生态服务。通过保护和恢复生物多样性,我们能够欣赏到各种珍稀濒危物种的美丽,同时也保护了生态系统的完整和健康。

3. 生态系统的健康和平衡

生态系统是地球上各种生物与非生物要素相互作用的复杂网络。它们通过能量流动、物质循环和生物相互依存的关系维持着生态平衡。美丽中国提倡保护和恢复生态系统,减少人类活动对生态系统的破坏。通过生态系统的健康和平衡,我们可以享受到自然界带来的各种好处,如新鲜空气、清澈水源、肥沃的土壤等。这些恢宏而和谐的自然生态系统让人们感受到生态美的独特魅力。

总体来说,美丽中国注重保护和提升生态环境的美,体现在自然景观的壮丽与多样、生物多样性的丰富和保护,以及生态系统的健康和平衡。实现生态美需要我们采取可持续发展的方式,重塑我们与自然的关系,保护和珍视自然界的宝贵资源。通过这样的努力,我们可以创造一个更加美丽、和谐和可持续的中国,让人们享受到生态美所带来的福祉和愉悦。

(三)中国化马克思主义生态思想的具体体现

马克思主义生态思想作为马克思主义理论体系的重要组成部分,它提出人与自然应该和谐共生,强调人类社会的发展不能以剥削和破坏自然环境为代价,人类应当尊重和保护自然,实现人与自然的可持续发展。

在理论层面,中国化马克思主义生态思想体现在对原有生态理论的继承、发展和创新上。我国坚持并深化了马克思主义生态观的三个基本观点，即辩证与实践的自然观、生产方式与生态环境关系观、人与自然关系观。这三个观点强调人与自然的有机联系，指出人类社会发展对生态环境的影响，以及如何实现人与自然的和谐共生。在我国，马克思主义生态观被视为一种行动指南，其中国化的过程中，注重理论与实践的结合，形成了具有鲜明中国特色的社会主义生态文明理念。

在实践层面，中国化马克思主义生态思想体现在我国生态环境保护的各项政策和实践行动中。党的十八大以来，我国提出并实施了一系列绿色发展政策，如推行绿色低碳生产方式、发展循环经济、加强生态环境保护、提升环境质量等。“美丽中国”建设目标就是其中一个非常重要的内容。“美丽中国”建设目标不仅要求保护生态环境，更强调在保护环境的同时，推动经济社会的持续健康发展。保护生态环境并不妨碍经济发展，反而可以为经济发展提供更加持久和稳定的动力。这些理念和政策不仅体现了马克思主义生态观的精神实质，也符合中国的国情和实际需求。

除此之外，在全球范围内，中国正在积极参与全球生态治理，坚持人类命运共同体的理念，推动建立公正合理的全球生态治理体系，为全球生态安全和可持续发展做出了重要贡献。这既是中国化马克思主义生态思想的重要体现，也是中国作为一个负责任的大国对全球生态环境保护的承诺和实践。

总体来说，中国化马克思主义生态思想的体现在中国共产党对马克思主义生态观的坚持和发展，体现在中国特色社会主义生态文明理念的形成和实践，体现在中国对全球生态环境保护的责任和贡献。中国化马克思主义生态思想是中国共产党领导人民以中国式现代化全面推进中华民族伟大复兴，全面建成社会主义现代化强国，推动构建人类命运共同体的重要理论武器。

（四）执政理念的提升和社会发展规律的深刻认识

美丽中国的概念展现了中国共产党对国家治理理念的提升，以及对社会发展规律的深刻认知。它强调了生态文明建设对中华民族实现可持续发展的长远规划，并倡导了绿水青山就是金山银山的思想。这一理念引领着中国社会在发展过程中追求经济繁荣、生态良好和人民幸福的综合目标。

1. 绿水青山就是金山银山的理念

美丽中国倡导了一种新的价值观念，即强调绿水青山就是金山银山。这一理念强调经济的繁荣和生态的良好是相辅相成的，而非相互对立的。传统的发展模式常常以牺牲环境为代价，追求经济增长。然而，美丽中国的提出改变了这种观念，意识到保护和改善生态环境对经济发展的重要性。这使得领导者更加重视生态环境保护和可持续发展，以实现经济、生态和社会的协调发展。

2. 生态文明建设的千年大计

美丽中国强调生态文明建设是中华民族永续发展的千年大计。这表明中国共产党对于长远发展的战略思考和责任担当。通过深刻认识到生态环境的重要性，执政者意识到只有保护和修复生态系统，才能够实现可持续发展，为后代子孙留下良好的生活环境。这种长远的视野和执政理念的提升使得政策制定者更加注重生态环境保护的长期规划和实施，避免了短期行为带来的生态破坏。

3. 深刻认识社会发展规律

美丽中国的提出体现了中国共产党对社会发展规律的深刻认识。通过强调绿色发展、低碳发展、循环发展等理念，美丽中国认识到经济发展必须与环境保护相协调，不能以牺牲环境为代价。这意味着执政者需要加强对环境和生态系统的了解，深入研究社会发展规律和环境变化的关系，以科学的方法和政策来引导经济的发展，实现经济、社会和环境发展的可持续性。

4. 人民幸福的目标

美丽中国的提出将人民的幸福放在了核心位置。执政者通过深刻认识到美丽中国对人民幸福的重要性，更加关注人民的生活品质和生态环境的质量。这促使执政者采取措施保护和改善环境，提高人民的生活水平,创造更加宜居的社会环境。这种执政理念的提升让政府更加关注人民的需求和利益,从而更好地服务于人民,实现人民对美好生活的追求。

总之,美丽中国的提出体现了中国共产党对国家执政理念的提升和对社会发展规律的深刻认识。它倡导了绿水青山就是金山银山的理念,强调生态文明建设是千年大计,促使政府更加注重生态环境保护和可持续发展。这种执政理念的提升使得政府更加关注人民的幸福和社会发展的长远利益,从而实现经济、社会和环境的协调发展,为实现美丽中国的目标而努力。

综上所述,美丽中国是一个具有深远意义的概念,它涵盖了人与自然和谐相处的美、精神上的美、中国化马克思主义生态思想的具体体现以及对国家执政理念和社会发展规律的提升和认识。美丽中国的建设是中国共产党和全体人民为实现经济繁荣、生态良好和人民幸福而共同努力的目标。

三、美丽中国的科学内涵阐释

(一)生态环境:自然之美

"生态环境:自然之美",这是一个深具意义的主题,它涉及人类生存发展的基础和条件,是我们对生活环境的深度思考和积极追求。对于人类而言,生态环境的重要性不言而喻,它是人类生存的基础,是我们赖以生活的家园。无论是空气、水、土壤,还是食物、能源等,都是大自然赋予我们的宝贵财富。然而,长期以来,人类在追求经济社会发展的过程中,往往忽视了对自然环境的保护,这不仅破坏了自然的美,更威胁了人类自身的生存和发展。

在中国,建设美丽中国已经上升到了国家战略的高度,其内涵不仅包含了美丽的自然景观,更是包括了健康的生态环境、和谐的人与自然关系以及人民的幸福生活。自然环境的美丽源于自然的和谐,源于生态的平衡。而这种和谐和平衡,依赖于我们人类对自然的尊重和保护。只有我们珍惜每一片绿叶、每一滴水、每一粒沙土、才能使自然始终保持其原有的生机与活力。只有我们遵循自然规律,避免过度开发,减少环境污染，才能使自然环境得以恢复和再生。

构建美丽中国要求我们转变发展观念，从过去的粗放型、高消耗型发展方式转变为可持续的、环保的发展方式。例如，在工业生产中，我们要大力推进清洁生产，减少污染物排放；在农业生产中，我们要积极推广绿色农业，保护农田水土；在城市建设中，我们要坚持绿色建筑，营造宜居环境。具体来说，主要体现在以下几个方面：

1. 美好生态环境需要的呼声

随着人类社会的发展，人们对美好生态环境的需求越来越迫切。清新的空气、绿树成荫的公园、湛蓝的天空和清澈的河流等自然元素，都是人们心中美好生活的一部分。因此，重塑生态环境的“自然之美”成为美丽中国的重要目标。

2. 美丽家园的营造

为了实现美丽中国的愿景，我们需要将生态环境重塑为一个天蓝地绿、山清水秀的美丽家园。这意味着保护和恢复自然资源，减少环境污染和破坏，创造良好的生态条件，让人们生活在一个与自然和谐共处的环境中。

3. 生态资源的保护和可持续利用

重塑生态环境的“自然之美”需要保护和合理利用生态资源。这包括保护森林、湿地、草原等自然生态系统，维护物种多样性，恢复受损的生态系统，并促进生态系统的可持续发展。通过合理的资源管理和环境规划，实现人类与自然的协调共生。

4. 生态环境问题的治理和改善

重塑生态环境的“自然之美”要解决当前面临的环境问题。这涉及减少污染物排放，提高环境质量，防治土壤和水源污染，改善空气质量，保护生态系统的完整性。同时，要加强环境监测和治理体系建设，促进环境保护工作的有效实施。

(二)生态文化:人文之美

中国历史悠久,文化源远流长。儒家思想中强调"仁爱"和"和谐",孔子的"仁者爱人"和孟子的"天时地利人和"思想,都强调人与自然、人与人之间的和谐相处。这些崇尚和谐、仁爱的思想成为生态文明建设的基础,培养了人们的生态文化素养。在建设美丽中国的进程中,培育公民的生态文明文化,树立生态文明理念至关重要。公民的生态文明文化建设和提高,有利于增强人们对生态文明的认识,将生态文明文化与人类的社会生活有机地结合在一起,促进人民的幸福、社会的和谐和自然环境的良好运行。具体来说,主要体现在以下几个方面:

1. 儒家思想的影响

中国传统文化中的儒家思想强调人与自然的和谐共生和人与人之间的和谐相处。儒家思想中的"仁爱"理念强调个体之间的互助、关爱和和谐,而"天时地利人和"思想则强调人与自然环境的和谐相处。这些思想对塑造生态文化和推动生态文明建设起到了重要的作用。

2. 培养生态文化素养

美丽中国的建设需要培养公民的生态文化素养。这包括提高人们对生态环境保护的意识和责任感,增强对自然的敬畏之心,倡导低碳生活方式和可持续消费习惯。通过教育和宣传活动,培养人们对自然的热爱和保护,使生态文化成为人们的行为准则和生活方式。

3. 生态文明的价值观念

生态文化强调人与自然的和谐共生,并提倡尊重生态环境、保护生物多样性和生态系统的完整性。它强调生态环境的可持续性和资源的合理利用,反对过度开发和破坏自然。这些价值观念影响着人们的行为和决策,促进了人与自然的良好关系的建立。

4. 文化与生态问题的协同解决

生态文化的发展需要与生态问题的解决相协同。通过加强生态教育、开展环境宣传、推动绿色产业发展等途径，使公民的生态文化意识得到提升。同时，政府、企业和社会组织也应加强生态文化建设，制定和执行相关政策和法规，推动可持续发展和绿色生活方式的普及。

5. 生态文化与社会发展的良性循环

生态文化的培育和推广对社会发展具有积极影响。它能够促进人民的幸福和社会的和谐，增强社会凝聚力和发展活力。同时，积极的社会发展也为生态文化的传承和发展提供了保障和支持，实现了生态文化与人类社会的良性循环。

（三）社会生活：和谐之美

人类不仅生活在自然中，也生活在社会中。建设美丽中国需要建立健全的环境保护制度，加强破坏环境行为的处罚力度，形成一套优先保护、优先节约的发展方式。同时，树立绿色消费模式，鼓励人们在消费过程中选择绿色产品，改变传统的消费观念，追求生活质量和健康，保护环境并合理处理产生的垃圾，创造一个干净、美丽、和谐的生活环境。

1. 民主法治

建设美丽中国的社会生活中必须弘扬民主法治的理念。民主法治为人们提供了平等参与社会事务的机会，保障了人权和公民权利的实现，建立了公正的社会秩序。民主的决策过程和法治的规范行为能够减少冲突和矛盾，促进社会的和谐发展。民主法治主要体现在以下几个方面：

（1）平等参与社会事务。民主法治为人们提供了平等参与社会事务的机会。每个人都享有表达自己意见和观点的权利，并有权参与决策和管理过程。公民的积极参与能够确保多元声音被充分倾听，减少偏见和不公的发生，从而使得决策更加客观和全面。

（2）保障人权和公民权利。民主法治确保了人权和公民权利的实现。它为每个人提供了平等的法律保护，保障个人的基本权益和自由。法治的原则和规范确保了公民在社会生活中享有平等的权利和机会，不受歧视和侵犯。

（3）建立公正的社会秩序。民主法治建立了公正的社会秩序，确保社会的正常运行和秩序的维护。法律的制定、执行和适用遵循公正和公平的原则，确保权力的合法行使，维护社会的公共利益。公正的社会秩序减少了社会冲突和不稳定因素，为人们的生活提供了安全和稳定的环境。

（4）减少冲突和矛盾。民主的决策过程和法治的规范行为有助于减少社会冲突和矛盾。通过广泛的讨论和参与，各方利益得到平衡和协调，决策的合法性和合理性得到认可。法律的适用和执行提供了解决纠纷和冲突的框架，避免了私人恩怨和暴力行为的发生。

（5）促进社会的和谐发展。公正的社会秩序和平等的参与机会创造了公民之间的信任和合作，减少了社会的分裂和对立。民主的决策和法治的规范使社会资源得到合理分配，促进了社会的稳定和繁荣。

2. 公平正义

社会生活的和谐之美体现在追求公平正义的过程中。建设美丽中国需要缩小贫富差距，促进社会的公平分配和机会平等，保障每个人的基本权益。公正的社会秩序能够增强人们的信任和合作，营造和谐的社会氛围。公平正义主要体现在以下几个方面：

（1）缩小贫富差距。公平正义追求财富和资源的公平分配，致力于缩小贫富差距。通过建立健全的社会保障制度和税收政策，实现贫困人口的脱贫和富裕阶层的责任分享，社会财富可以更加公平地分配，使人们享有更平等的发展机会。

（2）促进公平分配。公平正义关注资源的公正分配，确保每个人都能享有基本权益和机会。在教育、医疗、就业等方面，公平正义致力于消除不公平的现象，让每个人都有平等地获取资源和服务的权利，实现社会资源的合理配置。

（3）保障基本权益。公平正义追求保障每个人的基本权益。无论是社会保障、劳动权益，公平正义都倡导公正和平等的原则，保障每个人的尊严和权利。这包括受到歧视的群体、弱势群体和特殊需求群体，确保他们得到公平对待和平等机会。

（4）建立公正的社会秩序。公平正义在社会生活中建立公正的秩序，确保法律的公正适用和公正的社会规范。通过建立健全的法治体系和司法机构，公平正义确保每个人在社会中享有平等的权利和机会，并追求社会中的公平竞争和公正待遇。

（5）增强信任和合作。公平正义有助于增强人们的信任和合作意识，促进社会的和谐发展。当每个人都相信社会是公平和正义的，他们会更愿意合作、相互支持和分享，从而建立一种和谐的人际关系和社会氛围。

3. 诚信友爱

社会生活中的和谐之美还体现在诚信友爱的关系中。诚信是社会信任的基础，它建立了人与人之间的互信和合作，促进了社会的和谐发展。友爱则强调人与人之间的友善、宽容和关怀，营造了和谐相处的社会环境。诚信友爱主要体现在以下几个方面：

（1）诚信的重要性。诚信是社会信任的基石，它建立了人与人之间的互信和合作关系。诚信体现了诚实守信的品质，使人们能够信任和依赖彼此。在商业交往、合作关系和个人互动中，诚信的表现能够建立长久的合作关系，促进社会的稳定和繁荣。

（2）友爱的温暖。友爱强调人与人之间的友善、宽容和关怀。友爱的存在使人们在社会生活中感受到彼此的支持和理解。友爱的行为包括互助、帮助和关怀他人的需要，营造了一个充满温暖和关爱的社会环境。

（3）互信和合作。诚信友爱促进了人们之间的互信和合作。在诚实守信的基础上，人们能够建立互相信任的关系，积极合作，实现共同的目标。诚信友爱的环境鼓励人们开展良好的合作行为，减少欺诈和不信任的发生，从而促进社会的和谐发展。

（4）宽容与理解。友爱的精神鼓励人们相互宽容和理解。在社会生活中，人们存在着各种不同的观点、背景和文化，友爱的态度使人们能够尊重彼此的差异，增强社会的包容性和多元性。宽容和理解减少了冲突和分歧，维护了社会的稳定和谐。

（5）共同发展。诚信友爱推动社会的共同发展。通过建立互信和友好的关系，人们能够共同合作、共同成长。友爱的行为促进了知识和经验的共享，促进了创新和进步。诚信友爱的社会能够激发人们的潜力，为整个社会的繁荣和发展创造良好的环境。

4. 充满活力

美丽中国的社会生活应该充满活力和创造力。人们积极参与社会事务和公共事业，发挥个人的才能和创造力，为社会的进步和发展贡献力量。充满活力的社会生活能够激发人们的潜能，推动社会的创新和进步。充满活力需要注意以下几个方面：

（1）积极参与社会事务。充满活力的社会生活意味着人们积极参与社会事务和公共事业。人们关注社会问题、参与社区活动、加入志愿者组织等，通过自己的努力和行动改善社会环境和促进社会进步。积极参与社会事务的行为使社会生活充满活力，展现了人们的责任感和社会意识。

（2）发挥个人才能和创造力。充满活力的社会生活鼓励人们发挥个人的才能和创造力。每个人都有独特的才华和潜能，通过充分发挥个人的能力，创造新的想法和解决方案，推动社会的创新和进步。充满活力的社会生活提供了一个激发个人潜能和实现自我价值的舞台。

（3）创新和进步。充满活力的社会生活鼓励创新和进步。人们勇于尝试新的思路和方法，提出创新的理念和解决方案，推动社会的发展和改革。创新精神的存在使社会不断向前发展，适应时代变化和挑战，实现科技、经济、文化等各个领域的进步。

（4）鼓励多元性和包容性。充满活力的社会生活鼓励多元性和包容性。它提倡尊重和欣赏不同观点、文化、背景和价值观，为不同群体提供平等的机会和资源。多元性和包容性使社会生活更加丰富多样，允许不同的声音和想法共存，推动社会的进步和和谐。

（5）促进个人成长和幸福感。充满活力的社会生活有助于个人的成长和幸福感。人们在积极参与社会活动、发挥个人才能和创造力的过程中，获得满足感和成就感。充满活力的社会生活提供了一个充满挑战和机遇的环境,能够促进个人的发展和幸福感的提升。

5. 安定有序

社会的和谐之美还表现在社会的安定有序中。建设美丽中国需要维护社会的稳定和安全,确保人民生活的安宁和幸福。有序的社会环境能够为人们提供安全感和信心,促进社会的和谐与发展。安定有序需要注意以下几个方面:

(1)社会稳定。安定有序的社会环境能够维护社会的稳定。通过建立健全的法律体系和社会秩序,确保社会的正常运转和公共秩序的维护。稳定的社会环境使人们享受到安全和平静的生活,促进社会的和谐发展。

(2)人民安宁。安定有序的社会为人民提供了安宁和幸福的生活。公共安全得到保障,人们能够在和平与安全的环境中工作、学习和生活。人民的安宁是建设美丽中国的基础,他们能够专注于个人的发展和社会的进步。

(3)法治社会。安定有序的社会依托于法治原则。通过法律的制定、执行和适用,确保公平正义的实现,维护社会的公共利益和个人的合法权益。法治社会使每个人都能够依法行事,遵守社会规范,促进社会的有序发展。

(4)社会秩序。安定有序的社会环境需要有健全的社会秩序。社会秩序的存在使社会资源得到合理分配,公共服务得到高效运作。良好的社会秩序减少了冲突和混乱,为人们的生活提供了稳定和可靠的基础。

(5)公共安全。安定有序的社会为公众提供了公共安全。通过加强执法和安全管理,预防和打击犯罪行为,保护人民的生命、财产和人身安全。公共安全的保障使人们在日常生活中感到安心,促进社会的和谐发展。

综上所述,美丽中国的科学内涵包括生态环境、生态文化和社会生活三个方面。建设美丽中国旨在实现人、社会、自然的和谐相处和友好发展,注重生态环境与经济、政治、物质、社会之间的相互联系、融合和进步,以实现绿色发展、低碳发展、循环发展为目标,为人类社会创造一个经济繁荣、生态良好、人民幸福的生活环境。

四、美丽中国的文化讲述与传播

随着全球化的发展,跨文化交流和传播变得日益重要。作为一个拥有深厚历史和独特文化的国家,中国在这一领域中扮演着重要角色。这里我们从四个方面来探讨美丽中国的跨文化讲述与传播。

(一)和谐共生:展示中国生态文明现代理念

中国自古以来就强调人与自然的和谐共生关系,这一理念在现代中国的生态文明建设中得到进步强调和发展。美丽的跨文化讲述与传播可以通过宣传中国的生态文明现代理念,向世界展示中国在环境保护、可持续发展等方面的成效。首先,中国的生态文明现代理念强调人与自然的和谐共生关系,强调生态环境的保护与修复。通过跨文化讲述与传播,可以向世界传达中国积极应对全球气候变化的努力和成果,如中国在可再生能源开发和利用方面取得的突破,以及中国大力推行的生态修复工程等。

此外,美丽中国的跨文化讲述与传播可以帮助外界了解中国在可持续发展方面的努力。中国积极推进绿色发展,通过跨文化讲述与传播,可以向世界介绍中国在环保产业、低碳经济等领域的创新实践和成功经验。这不仅有助于提升中国在全球环境治理中的影响力,也为其他国家提供了可借鉴的经验和启示。

(二)天人合一:宣扬中国古典生态哲学思想

中国古代哲学思想中蕴含着丰富的生态智慧,其中最核心的概念之一就是“天人合一”。美丽中国的跨文化讲述与播可以通过宣扬中国古典生态哲学思想,传递中国人与自然和谐相处的智慧,以及对生命和自然的敬畏之情。

中国思想中的“天人合一”概念强调人与自然的相互依存和共同发展。通过跨文化讲述与传播,可以向世界传达中国古代哲学思想中包容与尊重自然的思想,倡导人与自然和谐共生,以此来应对当今全球面临的环境挑战。美丽中国的跨文化讲述与传播还可以宣扬中国古代哲学思想中的生态伦理观念。这些伦理观念强调人类应该尊重自然、保护环境、追求内心平衡,并通过自觉的行动和修养来实现个体与自然的和谐。通过宣扬这些生态伦理观念,可以为全球生态文明建设提供中国智慧和方向。

总结起来,美丽中国的跨文化讲述与传播在展示中国生态文明现代理念和宣扬中国古典生态哲学思想方面起着重要作用。这不仅有助于传递中国在环境保护和可持续发展方面的经验和智慧,也为全球生态文明建设提供了中国的解决方案和思考路径。通过跨文化讲述与传播,我们可以共同努力,推动全球生态文明建设的进程,创造一个更加美丽和可持续发展的世界。

（三）叙事角度：基于多元主体

中国作为一个悠久历史和灿烂文化的国家,拥有丰富多样的文化传统。这些文化遗产不仅是中华民族的瑰宝,也是全人类的共同财富。在当今全球化的时代背景下,文化交流与传播变得日益重要。

中国文化的独特之处体现在多个方面。首先,中国历史悠久,拥有丰富的文化遗产,如长城、故宫、秦始皇兵马俑等。这些古迹见证了中国文明的发展历程,并成为世界上最具吸引力的旅游景点之一。其次,中国文化注重道德伦理,强调家庭观念和社会责任感。孝道、仁爱、勤劳、勇敢等价值观念深入人心,影响着中国人的生活方式和行为规范。此外,中国的传统艺术形式也是其文化的重要组成部分,如戏曲、中国画等。这些艺术形式独具特色,表达了中国人民的情感与审美观念。

图 1–1　长城

图 1-2　故宫

图 1-3　秦始皇兵马俑

图 1-4　戏曲

图 1–5　山水画

文化讲述是传承和弘扬中国文化的重要方式。通过文化讲述，我们可以向世界展示中国的独特魅力，加深国内外对中国文化的认知和理解。同时，文化讲述也是传递价值观念、弘扬正能量的有效途径。通过讲述中国的传统故事、英雄人物和文化符号，可以引导人们树立正确的价值观念，增强社会凝聚力和文化自信心。

文化讲述与传播需要多元主体的参与，包括政府、媒体、学校、社区等。首先，政府在文化讲述中发挥重要作用，可以加大对文化产业的扶持力度，制定相关政策，推动文化产品的创作和传播。其次，媒体是文化讲述的重要渠道，通过电视、电影、互联网等媒介，可以将中国文化传播到更广泛的受众群体中。同时，学校和社区也是文化讲述的重要场所，可以通过教育和社区活动来传承和弘扬中国文化。

多元主体参与的文化讲述也面临一些挑战。首先，由于中国文化的多样性和复杂性，如何选择合适的文化元素进行讲述成为一个问题。对此，可以通过专业机构的研究和评估来确定文化讲述的内容和形式。其次，文化讲述需要创新和引入现代技术手段，以更好地吸引年轻人的关注和参与。最后，多元主体之间的协作和合作也是成功进行文化讲述的关键。政府、媒体、学校、社区等各方应加强沟通与合作，形成合力。

美丽中国的文化讲述与传播需要多元主体的参与。通过文化讲述，我们可以向世界展示中国的独特魅力和丰富内涵，加深国内外人们对中国文化的认知和理解。多元主体的参与将为文化讲述提供更广阔的平台和更丰富的资源,使其具有更高的影响力和传播力。在全球化的时代背景下,美丽中国的文化讲述与传播将为中华文化的传承和发展注入新的活力。

五、美丽中国的实践路径探析

美丽中国的实现,是一个复杂而深远的过程,它需要我们从多个角度和层面进行深入的探索和实践。以下是对美丽中国实践路径的探析。

(一)培育公民生态文化,树立生态文明理念

生态文明文化是新时期下的社会发展形态,它要求我们在遵循自然发展规律的基础上赋予传统文化新的特点。我们需要改变利益优先、物质优先的思想,认识到高质量生活不仅仅是物质消费。我们需要尊重自然、保护自然,把生态教育放在重中之重的位置,让每个人都能得到该教育以及一直得到该教育,让生态意识努力提升为全民意识。

(二)建立健全环境保护制度

美丽中国的构建离不开严密、全面的环境保护制度体系。这一体系应包括但不限于环境保护相关的立法、规章制度以及各种监管措施和制度保障。为了实现这个目标,我们需要从现有的环境法律法规出发,立足我国的基本国情,建立健全环境保护制度。

首先,我们需要对现有的环境法律法规进行深入、全面的审视。这一审视的目的是了解现有法规对环境保护的实际效果,以及它们在应对环境问题时可能存在的不足。在这一过程中,我们可以借鉴其他国家和地区的经验和做法,但更重要的是,我们需要考虑我国自身的国情,寻找最符合我国实际的环保路径。

其次,我们需要加快环境保护的立法工作,对于新出现的环境问题,要及时修订或制定相关的法律法规。例如,随着科技的发展和社会的进步,我们可能面临着全新的环保挑战,如电子垃圾的处理、微塑料的污染等。对于这些新问题,我们需要及时制定出针对性的法律法规,以确保我们的法律制度能够及时应对环境保护的新需求。

再次，我们需要建立和完善生态补偿机制。这一机制的目标是让破坏环境的行为付出应有的代价，同时，鼓励和奖励对环境的保护行为。这可以通过设立环保基金、制定环保税法等方式实现。我们还需要强化对破坏环境行为的处罚力度，确保每一个破坏环境的行为都会得到应有的惩处。

最后，我们需要制定出具有操作性强的环保规章制度来约束人们的行为。这些规章制度不仅应该明确规定人们在环保方面的权利和义务，同时也应该为人们提供具体、明确的行动指南。通过以上措施，我们可以为构建美丽中国建立健全的环境保护制度。

（三）树立绿色消费模式

绿色消费提倡适度、合理的消费，减少对环境的破坏，强调尊重自然和保护生态环境为主要特点的消费行为和过程。我们需要在消费过程中选择未被污染或者对人们生活健康有利的绿色产品。我们需要在崇尚自然、转变消费观念、追求生活质量和健康的基础上做到保护环境，在追求高品质的生活的同时做到保护环境、节约资源，实现由产品到可再生资源的循环利用，进而走向可持续发展之路。

总体来说，美丽中国的实践路径需要我们在理念、制度和行动上进行全方位的努力。只有这样，我们才能真正实现美丽中国的目标，为我们的子孙后代创建一个美丽、和谐、可持续发展的家园。

五、美丽中国建设迈出重大步伐

当前，中国在生态文明建设上的行动已经开创了历史性的改变，并在全球范围内发挥了引领者的作用。这段时间的努力和成果可以被视为中国美丽建设的一次重大跨越。

中国成功塑造了符合经济发展和生态平衡的文明发展模式，并在全球生态文明建设中发挥着重要作用。中国政府通过创新理念、思想和战略，提出生态文明思想，为生态文明建设提供了根本遵循和行动指南。

在战略部署上，中国已将“美丽中国”纳入中国特色社会主义现代化强国目标，并将“生态文明建设”纳入了总体布局。同时，中国强调“人与自然和谐共生”的观念，并将“绿色”作为新的发展理念，“污染防治”

被列为要重点攻克的三大战争之一。

在改革措施上,中国已改革了生态环境和自然资源的管理体制,并实施了一系列如中央生态环境保护督察、生态文明目标评价考核和责任追究、河湖长制、生态保护红线、排污许可、生态环境损害赔偿等制度。

中国在生态环境质量方面也取得了显著的进步。大气、水、土壤、生物多样性保护、生态环境执法等各方面都取得了明显的改善,这可以从过去几年的空气质量改善和水资源管理等方面的数据中看出。

此外,中国推动绿色低碳的努力也得到了广泛的赞誉。过去的十年里,全国单位 GDP 二氧化碳排放下降了 34.4%,煤炭在一次能源消费中的占比也大幅度下降。同时,可再生能源的开发和利用以及新能源汽车的生产销售都保持了世界领先的地位。

在国际影响方面,中国为推动全球应对气候变化做出了重要贡献,包括帮助达成、签署和实施《巴黎协定》。同时,中国已宣布争取在 2030 年前达到二氧化碳排放峰值,并力争在 2060 年前实现碳中和。

在环境法律和法规建设方面,中国已将环保立法力度提升到了空前的高度。全国人大常委会已制修订了 25 部生态环境相关的法律,涵盖了大气、水、土壤、固废、噪声等污染防治领域,以及长江、湿地、黑土地等重要生态系统和要素。

总体来说,中国在过去的十年里,成功实现了从生产发展、生活富裕到生态良好的文明发展转变。这一成就标志着中国在生态文明建设方面迈出了重要步伐。在未来,中国将继续深化改革,提高力度,推动生态文明建设,朝着实现美丽中国的目标持续努力。

第三节　生态文明与美丽中国建设的关系

生态文明和美丽中国理念,都强调和谐是实现人类社会长期可持续发展的基础。生态文明是人类文明发展的一个新阶段,是以尊重、顺应和保护自然为核心的人类社会发展观,它融入了对生命尊重、生态平衡和人类社会长期发展的深刻理解。美丽中国建设则是生态文明思想的具体应用和体现,是一种积极向上、和谐发展的发展观,体现了人与自然、人与社会的和谐共处。

一、生态文明是美丽中国建设的根本遵循

党的二十大报告中强调了我们需要尊重、适应和保护自然，因为它是人类生存和发展的根本。“绿水青山就是金山银山”的理念，意味着我们应该从人与自然和谐共生的角度来规划发展。这是我们全面建设社会主义现代化国家的内在需求。

为了更好地实施这一思想，我们需要深入学习和理解党的二十大精神，坚决贯彻习近平生态文明思想，并坚决执行“绿水青山就是金山银山”的理念。我们应该推动构建美丽的中国，构建一个人与自然和谐共生的现代化社会。我们需要增强生态文明建设的战略决心，利用高级别的生态环境保护来推动高质量的发展，创造高品质的生活。我们将努力构建一个人与自然和谐共生的美丽中国。

（一）生态文明思想是系统完备的科学理论

生态文明思想是一种系统性、完备性的科学理论，它结合了对自然界的深刻理解和对人类社会发展的深思熟虑。这种思想理论有以下几个特点：

（1）生态文明思想的理论基础是坚实的。它是基于对自然环境、人类社会和社会主义建设规律的科学认知而形成的，这些规律决定了人与自然的关系、保护与发展的关系、环境与民生的关系以及国际社会的关系。理论的广度和深度使生态文明思想成为一个完整的科学体系。

（2）生态文明思想的核心内容是鲜明的，即“生态优先、绿色发展”。这一核心内容旨在解答关于为何要构建生态文明、何种类型的生态文明需要构建以及如何建设生态文明等一系列重要的理论和实践问题。它把生态优先的原则和绿色发展的战略理念有机结合起来，形成了理论的骨架和实践的指引。

（3）生态文明思想的科学论断具有重大的指导意义。比如，“保护生态环境就是保护生产力，改善生态环境就是发展生产力”，这一论断凸显了自然生态对生产力的内在重要性。“人与自然和谐共生”，“绿水青山就是金山银山”，这些论断深刻揭示了人与自然、社会与自然之间的

辩证关系，以及人类历史与自然历史、生态兴衰与文明兴衰之间的紧密联系。

（4）生态文明思想融合了中华优秀的传统生态文化，并且借鉴、超越了全球可持续发展的理论和实践经验。它强调建设一个清洁美丽的世界，从全球角度出发，提出了全球发展倡议，为全人类的可持续发展提供了中国的智慧和方案。

（5）生态文明思想体现了马克思主义的立场、观点和方法。在处理发展与减排、整体与局部、长期目标与短期目标等问题时，都以马克思主义的辩证法为指导，注重问题的根源和本质，坚持从人民的利益出发，充分调动全社会的积极性和创造性。

（二）生态文明思想在美丽中国建设实践中发挥了真理伟力

生态文明思想对美丽中国实践产生了深远影响，具体体现在以下几个方面：

（1）这一思想推动了我国生态环境保护的历史性、转折性和全局性变革。它坚持绿色发展的理念，强调对山、水、林、田、湖、草等生态系统的整体保护和系统治理。在过去的十年中，我们在生态环境保护方面取得了重大成就，天空更蓝、山川更绿、水质更清。

（2）打好污染防治攻坚战是14亿中国人民的切身利益和建设美丽中国的必然选择。为了改善生态环境质量，政府采取了一系列果断举措，如大力治理污染、打好污染防治攻坚战。这些举措使得全国城市的PM2.5浓度显著降低，地表水质大幅度提高，我们已经成为全球空气质量改善最快的国家之一。

（3）高度重视绿色低碳转型的推进，认识到构建绿色低碳发展的经济体系是实现可持续发展的长远策略。通过推动绿色低碳循环发展，中国促进了经济社会的全面绿色转型。

（4）高度重视生态安全，强调生态系统的有机性和相互依赖性。中国从整体出发，实施一体化的生态系统保护和修复，提升了生态系统的质量和稳定性。通过这些努力，中国的生态安全屏障变得更加牢固。

（5）解决了许多受到广大群众关注的突出生态环境问题。解决生态环境问题是党的重要任务，也是关乎民生的重要社会问题。在这方面，我们国家取得了显著成果。

（6）在环境治理体系的建设方面，也取得了重大突破。推动绿色发展、建设生态文明的关键在于制度建设。政府制定了一系列政策和法律，以保护生态环境，形成了一套覆盖全面、务实有效、严格的中国特色社会主义生态环境保护法律体系。这一体系为生态文明建设提供了坚实的法律保障。

综上所述，生态文明思想在中国的生态文明建设和美丽中国实践中发挥了重要作用。它引领着我们朝着更加绿色、可持续的发展方向前进，为实现人与自然的和谐共生、建设美丽中国做出了重要贡献。

二、美丽中国是生态文明建设的目标指向

美丽中国理念是生态文明思想在实践中的具体展现和运用。它倡导的是一个环境优美、社会和谐、人民富裕的理想社会，是我们实施生态文明建设、实现可持续发展的具体目标。通过实施美丽中国理念，我们可以更好地理解和实践生态文明思想，进而推动生态文明建设的实际进程。

党的二十大报告明确指出，我们要推进美丽中国建设，必须牢固树立和践行绿水青山就是金山银山的理念，站在人与自然和谐共生的高度谋划发展。这些理念构成新征程推进生态文明建设的决策指导和发展蓝图，为我们展示了一条通向美丽中国的光明道路。

第一，建设让人感到愉悦的环境。一个健康的生态环境不仅关乎人民的福祉，也是构筑美丽中国的基石。我们应当像对待我们的眼睛一样去尊重和爱护环境，因为生态环境就如同生命一样宝贵。为了实现这个目标，我们要以科学的精神和法律的原则，精准地控制和防止污染。这意味着我们需要全面应对污染问题，尤其是细微颗粒物和臭氧的排放，统筹管理水资源和水环境，有效把控农业和建筑用地的土壤污染，妥善处理危险废物和医疗废物，推动“无废城市”的建设。

第二，打造自然美丽的生态环境。一个美丽的生态环境，既满足了公众对美好生活环境的期待，也为我们建设美丽中国提供了坚实的保障。为了实现这个目标，我们需要采取全面的措施来保护和治理各种生态环境，如山、水、林、田、湖、草和沙等，深化生态保护和修复工作。我们还需要构建以国家公园为主的自然保护地体系，实施生物多样性保护项目，建立完善的生物多样性保护网络，大规模推进国土绿化和提升森

林质量，提升生态系统的自我恢复能力，增强生态系统的稳定性，全面提升自然生态系统质量和生态产品供给能力。

第三，推动高质量的发展。绿色发展是新时代发展观念的重要组成部分，也是实现美丽中国目标的关键路径。这意味着我们要坚持减少污染，降低碳排放，引导社会经济全面向绿色转型。为此，我们需要通过生态环境保护来优化产业结构，提升生态环境质量，减少二氧化碳的排放，调整能源、交通和土地使用结构，遏制高耗能、高排放、低效率的项目的发展。同时，我们还需要推动生态产品价值的实现，深化绿色金融改革，培育绿色低碳发展的新动能。

第四，创造高品质生活。满足人民对良好生态环境的需求，是实现高品质生活的内涵之一，也是美丽中国建设的重要目标。我们要着力解决人民群众最迫切要求解决的环境问题，建设健康宜居的美丽家园。在城市中，要处理好生产生活与生态环境保护的关系，打造宜居、适度的生活空间，实现集约高效的生产空间。在农村中，要改善人居环境，打造绿色、宜居的美丽乡村。同时，要推动生态环保督察工作向纵深发展，为创造高品质生活保驾护航。

第五，建立现代化的生态环境治理体系和能力。深化生态文明体制改革，建立环境治理体系，加强环境管理和保护力度。建立污染源执法监管体系，完善环境标准和执法体系，构建高质量的环境监测网络。

三、生态文明与美丽中国建设是共生的关系

在生物学中，共生是指两种或多种不同的生物种类在长期的生活过程中形成的相互依赖的关系。同样，生态文明与美丽中国建设也是一种共生的关系。

首先，生态文明是美丽中国建设的生命线。生态文明强调的是人与自然的和谐共生，这是美丽中国建设的基础。没有良好的生态环境，就没有美丽的中国。生态文明的理念和实践，为美丽中国建设提供了理论支持和实践指南。生态文明的建设，是美丽中国建设的前提和保障。这种关系可以从以下几个方面进一步展开：

（1）理论支持：生态文明提供了对人与自然关系的新理解，强调人与自然是一个生命共同体，人的发展不能以牺牲自然为代价。这种理论支持为美丽中国建设提供了指导思想。

（2）实践指南：生态文明的实践，如绿色发展、循环经济、低碳生活等，为美丽中国建设提供了具体的实践路径。

（3）前提和保障：没有良好的生态环境，就没有美丽的中国。生态文明的建设，保障了美丽中国建设的生态基础。

其次，美丽中国建设也是生态文明的体现和实践。美丽中国不仅仅是自然环境的美，更是人与自然和谐共生的美。美丽中国的建设，是生态文明理念的具体实践，是生态文明建设的成果展示。美丽中国的建设，推动了生态文明的发展，提升了人们的生态文明意识。这种关系可以从以下几个方面进一步展开：

（1）体现和实践：美丽中国的建设，是生态文明理念的具体体现和实践。它将生态文明的理念转化为具体的行动，为人们提供了一个直观的生态文明实践的平台。

（2）成果展示：美丽中国的建设，是生态文明建设的成果展示。它展示了生态文明建设的成果，让人们看到了生态文明建设的价值和意义。

（3）推动和提升：美丽中国的建设，推动了生态文明的发展，提升了人们的生态文明意识。通过参与美丽中国的建设，人们更加深入地理解和接受了生态文明的理念，从而更加积极地参与到生态文明的建设中来。

在具体的实践中，我们需要做到以下几点：

（1）提高全民生态意识：通过教育和宣传，让每个人都理解和接受生态文明的理念，将这种理念转化为实际行动。

（2）建立和完善生态法规：通过立法，建立和完善生态保护和管理的法规，保障生态文明建设的顺利进行。

（3）发展绿色经济：通过发展绿色产业，推动经济的绿色转型，实现经济发展和生态保护的双赢。

（4）实施生态保护项目：通过实施各种生态保护项目，保护和恢复生态环境，为美丽中国建设提供良好的生态基础。

（5）推广绿色生活方式：通过推广绿色生活方式，让每个人都成为生态文明建设的参与者和推动者。

只有这样，我们才能真正实现美丽中国的目标，为我们的子孙后代建设一个美丽、和谐、可持续发展的家园。

第二章　新机遇：新时代生态文明建设的机遇与经验

当前，生态文明建设正成为全球各国关注的焦点和重要议题。本章旨在探讨新时代下生态文明建设所面临的机遇和经验，并分析生态文明建设中的现实挑战及其原因。通过对我国和西方国家的生态文明建设进行历史探索和经验总结，我们可以深入了解新机遇背后的动力和战略，为推进生态文明建设提供有益的借鉴和参考。同时，只有通过积极应对挑战、抓住机遇，并结合国内外的经验教训，我们才能为构建美丽地球、实现可持续发展做出更大的贡献。

第一节　建设生态文明是我国重大发展战略选择

一、建设生态文明是推动可持续发展的迫切要求

建设生态文明是推动可持续发展的迫切要求。改革开放以来的一段时期，我国主要走的是高耗能、高污染、高排放的传统工业化道路，这与我国人口众多、资源紧缺、生态环境脆弱的基本国情严重脱节，同时也导致了大量的自然资源和生态环境问题。从自然资源角度来看，煤炭、石油、水、矿产等资源的大量消耗加剧了资源紧缺的问题，甚至超过了国际警戒线，给国内生产和经济安全带来了压力。

图 2-1　树林中的塑料废物

图 2-2　露天矿山

图 2-3　酸性矿山排水污染土壤水源

图 2-4　新疆克拉玛依油田抽油机磕头机

图 2-5　煤炭

图 2-6　锡桶漂浮在油腻的水面上

为了实现经济社会的可持续发展，我们必须加强生态文明建设，转变传统的工业化道路，迈向“绿色”的新型工业化道路，努力走向社会主义生态文明的新时代。建设生态文明实质上就是要建设以资源环境承载力为基础、以自然规律为准则、以可持续发展为目标的资源节约型、环境友好型社会。

在推进生态文明建设的过程中，我们应该坚持绿色发展理念，加强环境保护和生态修复工作。首先，要加强环境监测和治理，督促企业严格执行环境保护法律法规，减少污染物排放，提高资源利用效率，实现循环经济。其次，要加大对生态系统的保护和修复力度，恢复植被，保护水源地，防止土地沙化和水土流失，维护生态平衡。此外，还应当加强环境教育和宣传，提升公众的环境意识和责任感。

同时，政府也应该加大对生态文明建设的支持力度，制定更加严格的环境保护政策和法律法规，提高环境管理和监督能力，加强与企业和社会组织的合作，共同推动生态文明建设。此外，还应当加强国际合作，借鉴和学习其他国家的先进经验，共同应对全球资源环境挑战，推动建立更加公平、合理的全球资源环境治理体系。

总之，生态文明建设是我国经济社会可持续发展的必然选择。我们要坚定信心，勇于担当，积极推动生态文明建设，在实现经济繁荣和社会进步的同时，为子孙后代建设一个美丽、宜居的地球家园。只有这样，我们才能实现可持续发展的目标，构建人与自然和谐共生的美好未来。

二、建设生态文明是维护社会和谐稳定和改善民生的现实要求

建设生态文明是维护社会和谐稳定以及改善民生的现实要求。人、自然、社会构成了一个完整的生态系统，当这个生态系统中的自然环境遭受破坏时，将会严重扰乱社会的正常秩序，从而影响社会的稳定。

目前，我国某些地方存在着严重的环境污染问题。例如，陕西渭河遭受污染，河水突然变红；广东练江的污染严重超标，居民不得不购买水源来满足日常生活用水需求。近年来，由于水污染、金属污染引发的事件也时有发生，已经成为影响我国社会和谐稳定的不利因素。

建设生态文明需要从多个方面入手。首先，要坚持绿色发展理念，推动产业结构的转型升级，减少对环境的污染和破坏。其次，要加大环境治理力度，强化环境监管，严惩环境违法行为，并加强环境保护设施的建设和维护。此外，还需要加强环境教育，提高公众的环保意识和责任感，形成全社会共同参与环境保护的良好氛围。

在建设生态文明的过程中，政府、企业和个人都要承担起责任。政府应加大投入，制定更加严格的环境保护法律法规，并加强对环境污染行为的监管和治理。企业应积极履行社会责任，改善生产工艺，减少废弃物和污染物的排放。个人也要提高环保意识，养成良好的环保习惯，

节约能源，减少垃圾产生，共同为建设美丽中国贡献力量。

图 2-7　工厂排放烟雾

图 2-8　工厂排放污水

三、建设生态文明是提升综合国力、实现中华民族伟大复兴的客观要求

回顾我国近现代的发展历程，我们曾经错失了两次工业革命的重大

发展机遇，即蒸汽机革命和电力革命。直到改革开放以后，我国才勉强赶上第三次信息技术革命的步伐。虽然如今中国已成为世界上最大的发展中国家，但面对中国迅速的发展，一些敌对势力却大肆制造“中国责任论”“中国崩溃论”，误导国际舆论，指责中国的能源消费需求是导致国际油价上涨的主要原因。他们声称中国的发展和崛起将会抢占和消耗更多的能源资源，排放更多的二氧化碳和二氧化硫，从而对世界其他国家的发展和全球人类的生存造成巨大威胁。

建设生态文明和走绿色发展之路是一个系统工程，需要在各个领域积极推进。首先，我们应加强环境保护和生态修复，提高生态系统的稳定性和恢复能力。大力推行节能减排政策，加强对污染源的治理，推动清洁能源的开发和利用，促进能源消费的结构转型。同时，要加强环境法律法规的制定和执行，严惩环境违法行为，形成对环境保护的强大合力。

其次，要加强科技创新，推动绿色技术的发展和应用。鼓励企业增加研发投入，加快绿色技术的转化和推广，促进资源的高效利用和循环利用。同时，要加强国际合作，吸引国际先进的环保技术和管理经验，推动我国环保产业的发展。

此外，建设生态文明也需要全社会的广泛参与和共同努力。政府、企业、社会组织以及每个公民都应当承担起环境责任，积极参与到环境保护和绿色发展的实践中去。要加强环境教育和宣传工作，提高公众对生态文明建设的认识和重视程度。

建设生态文明是我国发展的必然选择，也是提升综合国力、实现中华民族伟大复兴的重要途径。通过走绿色发展之路，我们不仅可以应对国内外的批评和指责，还能够为全球生态文明建设做出积极贡献。让我们携手努力，建设美丽中国，实现中华民族伟大复兴的中国梦。

第二节　生态文明建设面临的现实挑战及原因

一、正确的发展观现代化观亟待深入人心

第一，传统的发展观念强调经济增长和物质积累，忽视了生态环境

的保护和可持续发展。随着环境污染、资源短缺和生态系统崩溃等问题的日益突出,我们意识到传统发展观念已经不再适应当今社会的需求。因此,我们需要树立一种新的发展观,将生态环境保护和可持续发展纳入发展的整体考虑。

第二,生态文明建设不是放弃发展或现代化,而是在追求发展的同时更加注重环境和生态的保护。我们要通过优化经济增长方式,实现经济的高质量发展,同时减少对自然资源的依赖和对环境的破坏。这需要树立现代化理念,将生态文明作为现代文明的升级版,实现更加全面、均衡、协调的发展。

第三,生态环境保护不仅是经济发展方式转变的必然要求,也是推动经济增长的重要途径。传统发展模式过度依赖资源消耗和环境破坏,长期以来出现了严重的污染问题和生态危机。通过加强生态环境保护,优化产业结构,提高资源利用效率,我们可以实现绿色发展,推动经济的可持续增长。

第四,构建正确的发展观和现代化观对解决中国发展短板和环保不足至关重要。中国需要在经济发展和环境保护之间找到平衡点,以实现协调发展并推动全面发展。为此,需要转变发展模式,树立全新的发展观和现代化理念,强调生态文明建设,实现人与自然的和谐共生。

生态文明建设的关键在于协调经济社会发展与生态环境保护,坚守以人为本和可持续发展的原则。我们应当提倡节约资源、保护环境的理念,通过调整产业结构,改善环境质量,实现经济增长与环境保护的良性循环。同时,我们也要注重发展模式的转变,推动绿色发展,通过发展节能环保产业、培育绿色消费等方式,提高资源利用效率,减少环境污染。为了实现这个目标,我们需要加强环境监管和治理,强化环境法律法规的制定和执行,加大对环境污染的处罚力度,形成一个严格的监管体系。同时,我们还需要加大科技创新的力度,推动绿色科技的研发和应用,促进清洁能源的发展和利用。在这方面,中国已经取得了一系列重要的成就。国家对绿色低碳转型的重视程度不断提升,通过一系列的政策和措施,加大了对清洁能源的投资和支持,推动了可再生能源和新能源汽车的发展。此外,中国还大力推动工业化与信息化的融合发展,通过科技创新推动工业化进程,实现生态环境和经济的协调发展。

总体来说,对于解决中国面临的发展不足和环保不足的问题,构建新的正确的发展观和现代化观至关重要。通过将经济发展和环境保护有效结合,实现协调发展,我们才能推动中国经济社会的全面发展。虽然中国在绿色低碳转型和生态文明建设上已经取得了显著的进步,但我们还需要进一步加大努力,通过节约资源、保护环境、调整产业结构等方式,推动绿色发展,实现经济与生态的协调共生。

在推进生态文明建设的过程中,我们还要深入理解和实践人与自然的关系。人类是自然界的一部分,我们的发展必须尊重自然的规律,充分利用自然资源,保护生态系统的完整性和稳定性。我们需要实施全方位的治理和保护,注重生态系统的整体性和复杂性,促进生物多样性的保护,加强生态系统的修复和恢复。通过建设国家公园体系,保护自然生态,我们可以为后代子孙建设一个更加绿色、美丽的家园。

二、新时代生态价值观有待加强培育

第一,生态价值观强调生态系统的完整性、稳定性和可持续性,将生态环境的保护和恢复纳入发展的整体目标。传统的发展观念主要以经济增长和物质利益为导向,忽视了生态系统的重要性和生物多样性的保护。新的生态价值观和伦理观能够引导人们认识到自然资源的珍贵性,倡导尊重自然、保护自然的行为准则。

第二,传统的人与自然关系常常是人类对自然的控制和利用,导致出现了环境破坏和生态危机。树立新的生态伦理观念可以强调人与自然的和谐共生,主张人类与自然相互依存、相互促进。这样的伦理观念能够引导人们追求可持续发展,实现人与自然的和谐关系,促进生态系统的健康与稳定。

第三,生态文明建设需要人们转变对自然的认知和态度。传统观念中,自然资源被视为人类利用的对象,而新的生态价值观和生态伦理观念将自然视为人类的生存环境和生命共同体,提倡人们尊重自然的权益和尊严。这种转变可以激发人们对自然的热爱和保护意识,从而促使个体和社会采取积极的行动来保护生态环境。

第四,树立新的生态价值观和生态伦理观念也有助于构建全球生态文明。面对全球性的环境问题,国际合作和共同行动是至关重要的。通过共享新的生态价值观和生态伦理观念,各国可以增进相互理解和合作,推动全球范围内的生态文明建设。

第五,树立新的生态价值观和生态伦理观念对于解决当前的环境挑战具有重要意义。环境问题日益严峻，气候变化、生物多样性丧失和资源耗竭等威胁着人类的生存和发展。树立新的生态价值观和生态伦理观念可以引导人们积极应对这些挑战，改变不可持续的生产和消费方式，促进绿色发展和可持续发展。

我们必须承认和理解，人类并不是生态系统中独立的元素，而是其中的一部分，与其他所有元素一样，都受到自然规律的约束。尊重自然规律不仅是生物生存的基础，更是人类社会发展的重要指引。这就要求我们在推进社会主义建设的过程中，切实建立和坚持生态文明理念，认同并实践生态文化，弘扬生态意识，落实生态道德。这不仅符合中国特色社会主义核心价值观，也是中国在追求更好、更高质量发展过程中的必然要求。生态文明不仅不会阻碍发展和现代化，反而是现代文明的进化和升级，它呼唤更加全面、均衡和协调的现代文明道路和模式。

在生态文明建设的实践过程中，我们需要从以下几个层面来展开具体行动：

（1）从物质基础的角度来看，建设生态文明需要我们建立健全的生态经济体系。这包括对传统产业进行生态化改造，以减少污染，提高能源效率，减轻对环境的压力。同时，我们也要大力发展战略性新兴产业，如节能环保产业，促进新能源、新材料、新技术的应用和推广。这样绿色经济、循环经济和低碳技术能在整个经济结构中占据主导地位，为经济实现绿色转型提供坚实的物质基础。

（2）我们要建立健全的生态制度，为生态文明的实践提供强有力的激励和约束机制。这需要我们将环境公平正义的要求融入到经济社会的决策和管理中，确保所有人都能在一个公平公正的环境中获得发展的机会。我们要加大制度创新的力度，完善环保法规，建立严密的环境监管和管理体系，以制度和法律的力量确保生态文明建设的可持续性。

（3）保障生态安全是生态文明建设的重要底线。我们必须要有效防范和应对环境风险，及时妥善处理突发的资源环境事件和自然灾害，确保生态环境的稳定性，防止生态危机的发生。生态安全不仅关乎国家的生存和发展，也直接影响到每个人的生命安全和生活质量。

（4）改善生态环境质量，提高人民生活质量，是生态文明建设的根本目标。我们要努力保障人民群众的饮水安全，改善空气质量，确保食品安全，提供美丽的自然景观和舒适的生活环境，让人民群众在幸福的生活中享受生态文明的成果。

同时，我们需要树立新的生态价值观和生态伦理观念，把生态观念深植到每个人的心中。要理解人与自然的关系是一种共生的关系，而不是掠夺的关系。我们要尊重自然，爱护自然，以此保护我们自己和我们的后代。生态教育也要被纳入教育系统的重要环节，让每个人从小就养成热爱生态、保护生态的习惯和道德观念。

只有做到以上各点，我们才能在实现经济社会发展的同时，也能确保生态环境的持续改善，实现人与自然的和谐共生，最终实现可持续发展的目标。这是我们对待自然的态度，也是我们对未来世界的期待。

三、绿色生产生活方式的建立仍任重道远

生态文明建设需要积极探索代价小、效益好、排放低、可持续的环境保护新道路，其原因主要有以下几点：

（1）对于地球上的自然资源，其固有的有限性为我们的生活与经济活动设置了实质性的限制。自工业革命以来，人类社会已经在过度地消耗这些资源，包括水、土壤、矿物和能源资源等。不断增长的全球人口、消费主义的生活方式以及传统的发展模式都在加剧这种消耗。我们的土地正在被过度开发，水资源正在被污染，矿物资源正在被耗尽，化石能源正在被过度使用。这种模式下的经济增长已经不可持续，因为资源的供应是有限的，而资源的消耗是日益增长的。

（2）对这些资源的过度消耗和浪费也给环境带来了巨大的压力。我们可以看到，气候变化、水资源短缺、土地退化、生物多样性的丧失等环境问题正在加剧，这些都是资源过度利用的直接结果。这些环境问题不仅威胁到生态系统的稳定和生物多样性，而且也对人类社会的经济发展和人民的生存与健康构成了严重的威胁。

（3）我们面临着日益严重的生态危机。人类活动对环境造成了严重的破坏，如全球气候变化、生物多样性丧失、海洋酸化、森林破坏、土地退化、大气和水污染等。这些生态危机都在威胁着地球的生命系统，对人类社会的可持续发展和人民的生存与健康构成了严重的威胁。因此，我们需要积极应对这些生态危机，寻找新的解决方案。

（4）经济的发展方式也正在发生深刻的转变。传统的高耗能、高排放的发展模式已经不适应新的经济环境和社会需求。新的经济环境需要我们转向一种更为可持续的发展模式，即绿色经济。绿色经济注重的

是资源的有效利用和环保，它可以通过降低能源和资源的消耗，减少废弃物的产生，减少污染的排放，提高资源的再利用和再生能力，实现经济的可持续增长。

（5）社会需求也在不断变化。随着人们的环保意识提高，对生活质量的要求也在不断提升。人们越来越关注环境质量，对清洁空气、清洁水源、安全食品等有更高的需求。这为探索代价小、效益好、排放低、可持续的环境保护新道路提供了社会基础。这种新的发展道路能够满足人们的生活需求，提升人们的生活质量，实现社会的可持续发展。因此，推进生态文明建设的关键是采用新的思路和举措解决资源和环境问题。传统的"先污染后治理"的发展模式在中国不可行，不能满足发展需求。我们需要摒弃传统观念，寻找一条代价小、效益好、排放低、可持续的环境保护新道路。

环境保护是生态文明建设的核心和推进可持续发展的重要方向。为实现生态文明目标，需要采取具体措施。首先，加快建立适应中国国情的环境保护战略体系，包括规划制定、协调配合等。其次，建立全面高效的污染防治体系，包括监测预警、排污许可制度、污染治理与修复、清洁生产和资源利用效率提升等。同时，建立健全的环境质量评价体系，为决策提供科学依据。

推进环境保护新道路需要制定完善的法规政策和科技标准体系，加强环境法律法规制定、执法和科技创新。建立环境管理和执法监督体系，加强对环境违法行为的监管和处罚。构建全民参与的社会行动体系，包括加强环境教育和宣传，提高公众环境意识，引导公众参与环境保护行动。

四、生态文明建设融入现代化建设力度有待提升

需要把生态文明建设融入和贯穿到现代化建设的各方面和全过程，其原因主要体现在以下几个方面：

（1）人与自然的和谐共生。生态文明建设强调人与自然的和谐共生关系。现代化建设过程中，经济发展和环境保护往往被看作是相互对立的，但这种观念已经过时。将生态文明融入现代化建设，能够实现经济发展和环境保护的协同发展，确保资源的可持续利用，减少对自然环境的破坏，实现人与自然的良性互动。

（2）可持续发展。生态文明建设的核心目标是实现可持续发展。现代化建设过程中，资源的过度开发和环境的过度破坏往往导致短期经济增长，但长期来看会给人类社会带来巨大的风险和不可逆转的损失。将生态文明融入现代化建设，能够推动经济的绿色转型，建立循环经济和低碳发展模式，实现经济、社会和环境的协调发展，确保未来世代的可持续发展。

（3）综合治理和综合效益。生态文明建设强调综合治理，要求从全局角度思考和解决环境问题。现代化建设中，各个领域和行业之间存在相互联系和相互影响，环境问题也往往涉及多个方面。将生态文明融入现代化建设，能够促使各部门和行业加强协作，共同推动环境保护工作，形成综合治理的合力，最大限度地提高环境保护的效益。

（4）人民群众的期盼。现代化建设是为了改善人民群众的生活质量和福祉。而生态环境的优劣直接关系到人民群众的身体健康和生活品质。将生态文明融入现代化建设，能够保障人民群众的健康和安全，提供优质的生活环境，得到广大人民群众的支持和认同。

接下来，我们将详细探讨如何在四个方面实现这一目标。

首先，将生态文明建设理念融入社会主义经济建设各方面是重要的，需要改变发展方式、调整经济结构和改善消费模式来解决生态环境问题。生态文明建设将促进经济可持续发展，提高资源利用效率和环保意识，为扩大内需和推动经济增长提供途径。

对于生产方式的改变，我们需要从以资源消耗为主的生产方式转向以技术和知识为主的生产方式。也就是说，我们需要在经济增长的过程中，注重环境的保护和可持续发展。同时，我们也需要改变目前的经济结构，更多地发展绿色经济和循环经济，提高资源利用效率，减少污染物的排放。

另外，改善消费模式也是我们应该关注的问题。我们需要引导消费者形成环保的消费习惯，提高他们对绿色产品和服务的需求，以推动市场对绿色产品和服务的供给。这样我们就可以在供需两方面推动经济的绿色转型。

其次，将生态文明建设理念融入社会主义政治建设是重要的。需要以人为本、全面协调可持续发展的观念，重视和维护人民群众环境权益。社会主义民主法治建设有助于推进生态文明建设，通过社会公众的有序参与促进人口资源环境事业发展。同时，生态文明建设也能推动社会主义民主法治建设，对社会主义政治建设和全球生态危机应对产生影响。

再次，将生态文明建设理念融入社会主义文化建设是重要的。科学的自然价值观是核心内容。通过加强自然价值观建设、环境教育和环境伦理建设，可以提高全社会的资源环保意识和生态文明观念，丰富社会主义文化和精神文明建设的内容。

最后，将生态文明建设理念融入社会主义和谐社会建设是必要的。生态文明建设要求建立资源节约和环境友好的社会，解决人与自然关系和代际公平问题，实现人与自然的和谐发展，维护世世代代的利益。因此，生态文明建设是构建和谐社会的必要要求。

总体来说，将生态文明建设的理念、原则和目标深入地贯穿到社会主义现代化建设的各个方面和全过程，不仅是我们当前面临的重大课题，而且是我们未来发展的关键。只有通过这种方式，我们才能实现经济、政治、文化和社会的全面可持续发展，为人类和地球的未来做出贡献。

第三节　新时代生态文明建设的机遇

一、加强美丽中国理念的研究、推广和教育

（一）深度推动“美丽中国”的核心理念

为了深度推动“美丽中国”的核心理念，政府需要在各大主流媒体平台积极传播信息，确保“美丽中国”的理念在广告中有效展示。政府需要遵循党的二十大的决议，积极实现碳达峰和碳中和的目标，领导社会公众向这个方向前进。自党的十八大以来，中国在推动“美丽中国”理念的传播上，已经取得了巨大实践突破。广泛传播“美丽中国”的观念是政治任务的核心部分。政府需要引导各级政府相互配合，构建全国性的宣传网络，促使社会各阶层都高度重视生态审美观念。同时，政府机构也应成为最早接纳“美丽中国”理念的团队，以此在推动“美丽中

国”的建设中发挥积极的影响。这也是构建“美丽中国”的必要条件。

(二)进一步构建“美丽中国”理念的教育框架

进一步构建“美丽中国”理念的教育框架,即将“美丽中国”的观念融入学校生活,建立“美丽中国”的课程体系,设立“美丽中国”的社团,并进行相关活动。学校作为国家人才培养的基地,需要让教师在宣传中充分发挥主要作用,激发他们的积极性,让教师在教学和示范中秉持“美丽中国”的理念,将其引入各种类型的课程和学生日常活动中。创新“美丽中国”的教育方式,不能只停留在传统的讲授式和灌输式教育,而应更多地选择实践式教育。通过引导学生走出校门,走向生态公园和社区实践,让学生在“美丽中国”建设的实践中学习“美丽中国”的理念,潜移默化地将其融入学生们的思想和行为中。同时,需要增强各地的交流和互动,通过网络课程平台和时事热点,实现东部和西部、南部和北部之间的“美丽中国”学习交流。

(三)创新“美丽中国”理念的传播方式

在新的传播环境下,如何创新“美丽中国”理念的传播方式,让其深入人心,成为全社会的共识和自觉行动,是一个重要的课题。有几个方面的创新策略需要我们考虑。

首先,在宣传主体的选择上,我们需要对标新的时代要求,使得传播主体具备更高的素质和能力。这一点不仅涉及媒体工作者,还包括专家、学者和公众意见领袖。在理解“美丽中国”理念的深度上,我们需要的是不仅能够理解,更能够洞察其中的深层含义,从而在传播过程中能够提出独特的、具有深度的观点,引领公众的思考,提升公众的理解深度。在解决问题的能力上,我们需要的是能够主动发现问题,针对问题提出解决方案,而不仅仅是对问题的抱怨和指责。同时,我们也需要积极收集广大公众的意见,让更多的声音被听见,提升宣传的权威性和公信力。

其次,我们需要创新宣传方式,与时俱进,跟上新媒体的发展步伐。在新的媒体环境下,传统的宣传方式已经无法满足公众的需求。我们需要利用新媒体平台,如社交媒体、微博、微信、短视频平台等,结合当前的流行趋势，如 Vlog、直播、短视频等，以生动活泼、富有感染力的方式，将“美丽中国”的理念传播出去。这种方式既能吸引更多的年轻人，也能提高公众的理解力和接受度。

最后，我们需要将“美丽中国”的理念融入公众的日常生活中，让公众在实际的生活中体验到“美丽中国”的魅力。举办各类活动，如生态旅游、环保志愿者活动、生态文化节等，让公众在参与中深入理解“美丽中国”的理念，体验美丽中国的魅力，从而提升公众的积极参与度和接受度。

总体来说，创新“美丽中国”理念的传播方式，需要我们在理念、方式和活动三个方面进行全方位的创新，使“美丽中国”的理念深入人心，成为全社会的自觉行动。这是一个长期的过程，需要我们有耐心、有信心、有决心，一步一个脚印，积小胜为大胜，以实现我们美丽中国的伟大理想。

通过以上这些措施，我们能够加强对“美丽中国”理念的研究、推广和教育，确保“美丽中国”理念深入人心，引导公众共同打造“美丽中国”。

二、积极推进环境污染防控，打造美丽中国

为了处理环境挑战并提升生活品质，环境保护需被置于重要地位。环境保护即生产力保护，环境改善则是生产力提升。现阶段，我国面对着严重的环境污染问题，如空气、水质及土壤污染等，这些问题对人民生活造成了显著影响。因此，我们必须团结协作、广泛参与，共同应对环境污染，推动环保改革。

（一）开启保护蓝天行动

针对严重的空气污染问题，我国已经制定了《大气污染防治行动计划》等一系列政策，并按此进行全面的大气污染治理。首先，我们需要强化区域协同和系统治理，从污染源头减少污染物的排放，如减少燃煤等污染源，调整能源结构，推广清洁能源，提高新能源的使用率，达到环保与发展共赢的目标。另外，我们还需加大对重点行业的监督力度，推动企业达标排放，对不能达标的企业，必须进行停业或整改。

(二)展开净水保护战

水资源的安全直接影响人民的生活和健康,因此我们必须进行有效的水资源保护和污染控制。首先,我们需要保护水源,避免水源地的污染,改善水环境管理体制,提高城市污水处理能力,降低水体污染程度。另外,我们也要推动全面的水资源保护工作,防止工业和农业污水对水质的破坏,提升水环境质量。

(三)发起净土保卫战

土壤污染是一个长期、复杂且难以逆转的过程,因此我们必须坚定地防止和治理土壤污染。首先,我们需要控制污染源,减少化肥和农药的使用,提高农业废弃物的回收和利用率,推动有机农业的发展。另外,我们还需要改善农村生态环境,推进美丽乡村的建设,提高农村环境质量。

通过以上措施,我们将能够深入打好污染防治攻坚战,持续改善环境质量,保护人民群众的生产生活环境,实现美丽中国的目标。

三、全力促进经济社会的全方位绿色化进程

(一)构建生态经济新框架

为促进经济领域的绿色转型,我们必须首先准确地衡量自然资源及其所提供的生态服务的价值,从而实现资源的高效利用和生态保护。我们需要从供应侧进行创新,大力推动重污染产业向生态友好、低碳及循环经济的转变。对于高能耗、高排放项目的过度投资应予以限制,以保证环保产品的提供,强化经济结构的生态化,同时确保各产业的长期健康发展。在能源结构调整上,应积极倡导清洁煤炭的应用,并不断加强风能、水能、太阳能等可再生能源的研发和使用。我们也需要支持新能源及生态产业的发展,推动产业结构向清洁能源、环保生产及绿色基础设施建设转变。此外,对于政策引导,我们需要制定并实施鼓励绿色发

展的策略，以快速驱动各产业向生态化转型。

(二)建设生态科技网络

生态科技创新是解决资源环境问题和推动“美丽中国”建设的核心部分。我们需要充分发挥市场的作用，推进绿色科技研发、优先选择绿色技术以及正确定价绿色产品。构建学院科研与企业之间的绿色科技协作平台，形成从科研到产业化的成果转化通道，培养一批国内外领先的生态创新企业，以此推动中国绿色科技的持续发展和升级。

(三)倡导环保生活方式

我们全社会都需要提倡节约和低碳的生态发展和生活方式，这是解决环境问题的根本方法。习近平总书记强调，我们需要倡导节省资源、绿色低碳的生活方式，抵制过度消费和浪费行为。我们应该深化大众对生态文明生活方式的理解和实践，引导新的绿色生活潮流，营造鼓励绿色低碳生活的公众舆论，提高大众的环保意识，引导人们改变消费习惯。在日常生活中，我们应从每一个细节做起，节约能源、水资源和电力，使用环保产品，推广再利用公共物品，以及积极推广绿色环保的低碳出行方式。通过改变消费和生活方式，推动绿色生态化改革，使生产和生活方式向环保转型。

通过以上这些措施，我们能够全力推动社会经济的全面绿色化，实现资源的高效利用、环境的有效保护，同时为人民创造更美好的生活。

四、改进并完善生态环境管理和评估体制

(一)创立全国自然资源资产与生态环境管理机构

为了实现更有效的生态环境管理和保护，中国正面临着创立全国性自然资源资产管理和生态环境监管机构的任务。这个过程不仅需要重新定义管理体系的结构和功能，还需要对现有的资源管理和环境保护政策进行深入的审查和修改。

首先,实现全面和系统的一体化管理是关键。在过去,由于各级政府和不同部门对资源管理和环境保护的角度和重点存在差异,管理工作往往显得相对分散和无序。为了解决这个问题,新的机构需要拥有对全国所有自然资源和生态环境的全面管理权力。这种管理应包括对陆地、海洋和地下环境的全面监管,而不只是某一方面。通过一体化管理,可以实现资源管理和环境保护的协调和统一,从而提高工作效率和结果的科学性。

其次,运用科技手段进行规范化、精确化和实时化的管理。随着科技的发展,如遥感技术、大数据技术、AI 技术等,新的机构应积极采用这些工具,提高管理的准确性和时效性。例如,通过遥感技术可以实时监测全国的环境变化,大数据可以帮助分析环境问题的成因和趋势, AI 可以帮助实现自动化的监管和决策。

再次,实行排污权政策和市场交易制度。在管理工具上,排污权政策和市场交易制度被认为是有效的手段。全国的所有污染源都应被纳入排污权政策的范围,对其排放的污染物进行量化管理,并设置时间限制。同时,推动能源权、水权、排污权和碳排放权的市场交易使市场机制在环境保护中发挥作用。

最后,监管结果应作为综合评分、责任问责和离任审计的重要参考。要实现环境保护,必须有严格的问责制度。当环境问题发生时,必须对相关责任人进行追责,并将其结果作为其绩效考核的重要部分。这样可以促进全社会对环境保护的重视和参与,实现生态文明的长远发展。

综上所述,创立全国性的自然资源资产管理和生态环境监管机构,需要整体思考和规划,需要在管理架构、科技应用、政策制定和问责制度等多个方面进行深入的研究和设计。这是一项艰巨而重要的任务,也是推动生态文明建设的必然选择。

(二)构建多元共治的环境保护管理系统

在社会主义现代化建设的过程中,构建多元共治的环境保护管理系统是至关重要的。这种管理系统需要政府、企业、社会以及公众的全方位参与和协作。这一系统旨在形成各主体间的互动协作、监管及限制关系,通过各方的共同努力,以达到环保目标。

首先,政府是管理系统中的主导者,是引导、规划、制定政策和执行执法的重要角色。政府需要强化纵向管理体系，特别是增强省级以下环保机构的执法监管能力，确保环保政策和法规的有效执行。同时，政府也应推进《环境保护法》的全面改革，为环保工作提供更为完善的法律保障。强化环保公益诉讼制度，使得公众可以在遇到环保问题时，通过法律手段维护自己的权益。

其次，企业是环保工作的执行者。企业应该在日常的生产和经营活动中积极贯彻环保理念，自觉遵守环保法律法规，减少对环境的污染和破坏。同时，政府应该加大对企业环保责任的制度建设力度，使企业能够在经济利益和环保责任之间找到平衡，实现经济效益和环境效益的双赢。

最后，社会组织和公众是环保工作的重要参与者。他们通过监督企业和政府的环保行为，对环保工作进行监督和评价，为环保工作提供第三方的观察和反馈。为此，需要完善公众监管及信息交流机制，激励社团和公众参与生态管理，这样可以更好地发挥社会监督的作用，提高环保工作的透明度和公信力。

在环保信息共享方面，政府、企业、社会组织和公众应共同努力，培养一批优秀的环保监管专业人才。信息的公开透明和分享是提高环保工作效率和公信力的重要手段，而专业人才是信息共享和利用的关键。因此，各方应齐心协力，通过培训、教育等方式，培养出一批专门负责环保信息收集、处理和发布的专业人才。

同时，我们也需要设立“美丽中国”专家咨询库，吸纳优秀人才，为建设提供全方位和高水平的专业指导、技术支持和科学咨询。这不仅可以为环保工作提供专业的知识和技术支持，也可以为政策制定提供科学的依据，从而更好地推动环保工作的发展。

（三）进一步健全生态环境监督评估体系

在追求社会主义现代化建设的过程中，进一步健全生态环境监督评估体系至关重要。在我们的环境保护工作中，如何以科学的方式对环境状况进行准确的评估，对环保工作进行有效的监督，这是一个非常关键的问题。健全的生态环境监督评估体系，将有助于我们更好地掌握环境状况，进行有效的环保工作。

首先，我们需要持续优化生态环境监督评估体系。这不仅涉及监督评估的方式和方法，也涉及评估结果的使用和处理。评估结果应作为激励的关键依据，通过奖励和惩罚来激励企业、社区和个人积极投入到环保工作中。我们要执行最严格的评估和问责制度，按照“取长补短、奖善罚恶”的原则进行奖罚。对于在环保工作中表现出色的，我们应予以肯定和奖励；对于破坏环境的行为，我们则要进行严肃的惩罚。

然而，对于一些破坏生态环境的领导干部，我们需要有更为严格的要求。他们在环保工作中的作用至关重要，我们不能容忍他们对环境的破坏。对于这类领导干部，我们必须严格地履行职责，实行一生追责。这样才能确保制度的严肃性和严谨性，防止制度成为空谈。

此外，我们也不能容忍一些地方频繁出现环境问题，受到训诫、揭露，但当地领导却未受惩罚，反而升级、被重用的现象。这是对环保工作的严重挑战，对公众的严重误导。我们必须重视这些负面案例，严肃查处破坏生态环境的典型案例，以此为例，警示公众，通过实际行动取得效果。

在优化生态环境监督评估体系的过程中，我们需要保持敏锐的洞察力和批判性的思考。我们应随时研究、深化改革，并总结上一轮环保监督的成果和存在的问题。我们应以开放的态度面对改革，持续改善我们的生态环境监督评估体系，以此来保护我们的环境，实现社会主义现代化建设的环保目标。

第四节　我国生态文明建设的历史探索与经验

一、我国生态文明建设的历史探索

新中国成立以来，党领导中国生态文明建设的历史进程大致经历了五个阶段：

（一）中国生态文明建设的初探阶段（1949—1978）

中华人民共和国成立后，由于历史原因，我国不仅面临着贫困和落后的经济状况，而且生态环境遭到了严重破坏。针对这个问题，中华人民共和国采取了三项主要行动：森林复育、水资源管理和产量优化。

首先，大规模推动森林复育。在 1955 年，毛泽东发起了“赋予祖国绿色”的倡议，鼓励在各种可能的地方种树，包括房屋周围、村庄附近、道路两侧、河边以及荒地上。在毛泽东同志的号召和引导下，全国形成了大规模种树的趋势。到 1981 年，中国的森林覆盖率已经比 1949 年提高了 3.4 个百分点，达到了 12%。

其次，注重水资源管理。毛泽东同志高度重视水利建设，他曾强调，水利是农业的生命线。在他的推动下，20 世纪 50 年代和 60 年代分别建成了刘家峡、三门峡等大型水利设施和梅山、磨子潭等大型水库。这些水利工程不仅改善了生态环境，减少了自然灾害的发生，还带来了经济和生态的双重效益。

最后，推行产量优化并倡导节约。毛泽东同志在经济建设中一直强调勤俭节约，反对浪费，并号召全国人民进行产量优化。在面对资源紧缺的问题时，一方面要求减少原材料使用，另一方面尽可能提高原材料的利用率。当 20 世纪 70 年代工业发展导致环境污染日益严重时，毛泽东同志提出利用废弃物，将废物转化为宝贵资源，减少环境污染。这种资源利用的策略既明确了经济发展和环境保护的关系，也为中国的生态保护工作提供了参考。

综合来看，这一时期以毛泽东同志为首的党的领导层在实践中提出了一系列环保策略，将环保问题纳入了国家议事日程，为我国的生态保护工作奠定了基础，并积累了我国在生态保护领域的宝贵经验。

（二）中国生态文明建设的逐步发展阶段（1978—1992）

在 1978 年至 1992 年间，中国经历了从混乱到有序、从阶级斗争向经济建设转变的关键时期，这也是中国生态文明建设的逐步发展阶段。这一时期的生态文明建设主要涵盖了全民参与的植树运动、重视科学节能和新能源开发、将环境保护确立为国家的基本策略以及建立环境法规体系等四个方面。

第一，提倡全民参与植树活动是这一阶段生态文明建设的主要内容之一。随着邓小平同志的积极推动和倡导，植树造林活动在全国范围内得到了广泛的响应。在全国人大第五届第四次会议上，通过了《全民义务植树运动的决议》，明确了植树造林对于社会主义建设、后世子孙福祉以及治理环境、改善生态环境的重大意义。这一义务植树活动的影响至今仍在持续，中国政府设立了在十年内种植、保护和恢复700亿棵树的目标，以响应世界经济论坛的“全球植万亿棵树领军者”倡议。

第二，强调科学节能和新能源开发的重要性也是这一阶段的重点。邓小平同志等领导人深知借助科技手段解决环境问题的重要性，多次强调“科技是第一生产力”的观点。1983年的第二次全国环境保护会议上，提出保护自然环境、开发和利用资源、预防环境污染等都需要采用科学的管理方式，充分体现了对科学节能和新能源开发的重视。

第三，将环境保护确立为国家的基本策略，强调环境保护是中国式现代化建设的一项战略任务。1983年的第二次全国环境保护会议将环境保护确立为基本国策，1989年的第三次全国环境保护会议再度重申对环境保护工作的高度重视，充分认识到这一基本国策的重要性。

第四，设立环境法规体系，为环境保护提供了法治保障。邓小平同志等领导人认识到环境保护与经济发展的关系复杂，环境保护不能仅仅依赖人们的自觉行动，也需要依法治理。1978年，第五届全国人民代表大会第一次会议通过了《中华人民共和国宪法》，这是中国首次将环境保护纳入基本法律。随后，一系列关于水质、大气、海洋等环境保护的法规也相继出台，为中国的环境保护提供了坚实的法制基础。

综上所述，在这个阶段，以邓小平同志为核心的党的第二代领导集体在推动经济建设的同时，高度重视环境保护，特别是环境法规体系的建设。他们充分认识到，只有在法治化和制度化的环境保护方面取得实质性进展，才能在推动经济发展的同时，确保我国的生态环境得到有效保护，从而推动中国生态文明建设的深入发展。

（三）中国生态文明建设的深化扩展阶段（1992—2002）

在1992年至2002年的十年间，中国的生态文明建设经历了深化扩展阶段。在这个阶段中，中国在全球和国内的生态环境问题之间挣扎，寻找平衡和发展的道路。这一阶段对国家的生态文明建设有了更深入的理解和推动。这期间的工作主要体现在三个方面：推动全民环境教育的发展、实施可持续发展战略以及加强国际社会的合作。

在推动全民环境教育的发展上，我国认识到环境保护是每个公民的责任和义务，强调每个人都应有环保意识和行动力。因此，提倡公众参与环保活动,通过多种方式,如新闻媒体、互联网等,进行环境保护的宣传和教育。这种推广和教育行动大大提高了公众的环境保护意识,同时激发了公众对环境问题的关注和行动。

实施可持续发展战略是这个阶段的另一项重要工作。经济发展与环境保护之间紧密联系,只有把经济发展和环境保护有机地结合起来,才能实现国家的长远发展。因此,这一阶段实施了可持续发展战略,目的是解决人口增长和资源短缺的冲突,寻求经济发展和环境保护之间的平衡。

在国际社会合作方面,这一阶段认识到解决环境问题需要全球的努力,不能仅仅依赖国内的力量。因此,积极推动中国在全球范围内开展环保合作,以实现全球的可持续发展。中国作为一个发展中国家,愿意在公平、公正、合理的基础上,承担相应的国际责任和义务,为全球的环境保护做出贡献。

总体来说,这个阶段,中国的生态文明建设经历了深化和扩展。这一阶段的领导集体充分理解并应用生态文明的理念,他们通过推动全民环境教育,实施可持续发展战略和加强国际社会合作,为中国的生态环境保护奠定了坚实的基础。这一阶段的努力为未来进一步推进生态文明建设提供了宝贵的经验和指导。

(四)中国生态文明建设的完善阶段(2002—2012)

在2002年至2012年的十年间,中国的生态文明建设步入了一个新的发展阶段——完善阶段。在这个阶段中,中国不仅要应对全球生态危机带来的挑战,还需要应对国内经济发展加快带来的环境压力。在面对这些严峻挑战的同时,这一阶段领导集体积极采取一系列行动,以求真务实的精神,坚持改革,致力于实现人口、资源和环境的协调发展。这个阶段的主要行动策略可以归结为三个方面:强化全民环境教育、执行可持续发展策略以及加强国际合作。

首先,为了增强全民对环境保护的意识,倡导并推动了全民环境教育。一个国家和民族的文明程度可以从其环境意识和环境质量来衡量。环境保护是每个公民的责任,只有提升公众的环境保护意识,公众才会积极参与到环保活动中。因此,他提倡利用新闻媒体、互联网等各种手段来提升公众对环境问题的认识,增强公众的环保意识和行动力。

其次，为了实现中国的长远发展，这一阶段提出并实施了可持续发展策略。环境保护对我国的长远发展至关重要，我们需要正确理解经济发展和生态保护的关系，尝试解决人口增长和资源短缺之间的冲突。这个策略不仅标志着社会发展观念的重大转变，也体现了中国环境保护工作的新的发展阶段。

最后，倡导国际环保合作，意识到环境问题是全球性的，需要各国共同努力解决。强调中国愿意在公平、公正、合理的基础上承担与发展水平相适应的国际责任和义务，为全球环境保护作出贡献。

这一阶段将环保理念融入国民经济和社会发展规划，并与国际社会合作解决全球环境问题。开辟了具有中国特色的生态环境保护道路，为未来的生态文明建设奠定了坚实基础。这一阶段的实践丰富了中国生态文明建设内涵，为后续建设提供了宝贵经验。

（五）中国生态文明建设的成熟完善阶段（2012 年至今）

自 2012 年以来，中国生态文明建设进入了新的阶段——成熟完善期。在这个阶段，以习近平同志为首的国家领导团队把生态文明建设提升到国家工作的核心位置，进行了一系列深入的理论、实践和制度创新。其中，习近平生态文明思想的提出，成为这个阶段的标志性成就。

习近平生态文明思想，深化了生态文明建设的理念，提出了一系列新概念和新观念，体现了中国特色社会主义生态文明理论的新突破。这一理论是生态文明建设的理论指导，也是中国特色社会主义生态文明理论的重要组成部分。这一思想旨在建立和谐共生的人与自然关系，实现人类社会与自然环境的可持续发展。

习近平生态文明思想主要围绕“八个坚持”展开，这八个方面既包括理论认识，也包括实践行动和制度设计。

第一，习近平生态文明思想坚持生态繁荣导致文明繁荣的原则，强调生态环境对人类文明发展的决定性影响。

第二，习近平生态文明思想坚持人与自然和谐共生的原则，倡导人类应尊重自然、顺应自然、保护自然。

第三，习近平生态文明思想坚持“绿水青山就是金山银山”的发展观，提出环保和发展可以并行不悖，强调保护好“绿水青山”就是保护好“金山银山”。

第四，习近平生态文明思想坚持良好的生态环境是最公平的民生福利，强调环境就是民生，青山就是美丽，蓝天也是幸福。

第五，习近平生态文明思想坚持将山、水、森林、田野、湖泊、草地和沙漠视为生命的共享体，强调应从整体上考虑处理环境问题。

第六，习近平生态文明思想坚持采用最严格的制度和法律来保护生态环境，倡导深化生态文明体制改革，打造生态文明制度的“四梁八柱”。

第七，习近平生态文明思想坚持建设全民参与的美丽中国，提出的美丽中国目标是建设一个生态文明高度发达的社会和国家，强调各方面的美好与共享。

第八，习近平生态文明思想坚持共同推进全球生态文明建设，强调中国是全球气候治理的积极参与者，愿意与国际社会共同推动全球生态文明进程。

习近平生态文明思想是中国生态文明建设的重要理论指导，它深化了对生态文明建设的理解，拓展了生态文明建设的实践领域，为实现生产发展、生活富裕、生态良好的文明发展道路提供了强大的理论武器和实践指导。这个阶段的成熟完善，使得中国生态文明建设迈上了新的台阶，对于全球的生态文明建设具有重要的借鉴意义。

二、我国生态文明建设的经验总结

（一）坚持党的领导是生态文明建设的根本保证

坚持中国共产党的领导，是建设生态文明、实现可持续发展的政治保证。中国共产党在生态文明建设中起到了无可替代的关键作用，其领导地位无疑是推动中国生态文明建设的重要力量。

中国共产党以实现人民群众的根本利益为自身使命，始终以高度的政治责任感和历史使命感推动生态文明建设。在中国共产党的领导下，中国在生态文明建设的道路上不断前行，推动了我国的环境质量改善，保障了人民群众的环境权益。

在中国共产党的领导和引领下，生态文明建设已经上升为国家战略，被写入了国家《宪法》和《中国共产党章程》。党的领导不仅使得生态文明建设的理念深入人心，还在实际的推进过程中，通过有力的组织领导和科学的决策制定，保证了生态文明建设任务的顺利实施。同时，中国共产党坚持以人民为中心的发展思想，高度重视群众对生态环境问题的意见和建议，广泛动员社会各方力量参与生态文明建设。这种领导方式和决策模式，不仅确保了政策的科学性和合理性，也保证了生态文明建设的广泛性和深入性。

中国共产党领导下的生态文明建设，不仅关注环境保护，而且注重经济发展与环境保护的协调。倡导绿色发展、循环发展、低碳发展，推动构建资源节约型和环境友好型社会，这是中国共产党领导下的生态文明建设的独特性。中国共产党的领导，为中国的生态文明建设提供了强大的政治保障，是生态文明建设的最根本的保证。在中国共产党的坚定领导下，我们有信心在生态文明建设的道路上，实现人与自然和谐共生的目标，实现美丽中国的伟大梦想。

（二）坚持以人民为中心是生态文明建设的不竭动力

生态文明的建设实质上是以人民为中心的事业，旨在满足人民的需求并提供为人民服务，所有的努力都致力于增进人民的福祉。这是习近平生态文明思想的一个核心观点，强调的是人民群众在环境保护和生态文明建设中的决定性作用。这一思想立足于马克思主义的历史唯物主义，认识到历史和社会进步的真正动力来自广大的人民群众，人民不仅是生态文明建设的直接受益者，更是生态环保的主动参与者和守护者。没有人可以在这个全球性的问题面前袖手旁观，每一个人都应当在其中发挥积极的作用。

自中国共产党的十八大以来，习近平总书记一直在推动生态文明建设的过程中强调以人民为中心的发展理念。他强调调动人民群众的积极性，尊重和引导他们的创新精神，并顺应和满足他们对美好环境的向往和期望。为实现这一目标，他提出了一系列以民为本、利民为先、惠民为旨的生态政策，这些政策大幅提高了人民群众对生态文明建设的满意度和认同感。

以人民为中心的生态文明建设，就是要充分尊重和保障人民的主体地位和权益，让人民真正参与到生态环境的治理和保护中，实现人民的知情权、参与权、表达权、监督权。人民群众不仅是生态文明建设的主体，更是推动生态文明建设的源泉和动力。因为他们是最直接地感受和了解环境变化的群体，他们的生活、健康和幸福都与生态环境的好坏紧密相关。

我们应该积极促进和引导人民群众参与环境保护行动，倡导绿色的生活方式。这样做不仅能够提高人民群众的环保意识，还能够促使社会形成共识，共同参与生态文明建设，推动生态文明建设实现更高质量的发展。

总体来说，以人民为中心，就是以人民的需求为导向，充分调动人民的积极性和创造性，这是推动生态文明建设不断前进的动力源泉。只有让人民成为生态文明建设的主体，才能真正实现生态文明的目标，让人民群众享有更加美好的生态环境，实现可持续发展的理想。

（三）坚持绿色发展是生态文明建设的有效路径

绿色发展是对人类发展理念的升华，更是对生态环保的高度重视。坚定不移地走绿色发展道路，就是为了实现生态文明建设的重要目标，这也是中国特色社会主义道路上的关键一步，同时也是我们解决环境问题，打造可持续、高质量经济的重要手段。自中国共产党的十八大以来，在生态文明建设的大背景下，我国一直坚守绿色、低碳、循环发展的原则，尽力让生态和发展得到有效结合、相互推进。绿色发展的理念和方式，都是生态文明建设的有力支撑。

在新的发展阶段，我国致力于实现经济和生态环境的和谐共生，让人民能够持续享受绿色的生态福利，科学有序地推进生态文明建设。具体来讲，坚持绿色发展包含了以下几个要点：

第一，我们要将生态保护置于优先地位。在推动经济发展的同时，我们必须尊重自然、保护生态，实现经济、社会和生态的协调发展。这意味着我们要加强环境保护、生态修复和保护工作，确保生态系统的稳定。

第二，要推动资源的节约和循环利用。为此，我们应该优化资源管理，减少资源消耗，积极推广清洁能源和低碳技术的应用，建立循环经济体系，实现资源的高效利用和再利用，以避免过度开采和浪费自然资源。

第三，要以人为本，提升人民的生活质量。我们关注环境质量的改善，确保人民的健康和福利，营造一个绿色、健康、舒适的生活环境。这意味着改善空气、水和土壤的质量，保护生态系统，减少污染排放，提高环境的可持续性。

第四，要加强科技创新和制度建设。我们应该增加对绿色技术研发和应用的投入，推动科技与环境保护的深度融合，促进绿色技术的创新和应用。同时，我们还需完善相关法律、法规和政策体系，建立健全的生态文明制度，形成有效的环境治理机制。

总结起来，坚持绿色发展是生态文明建设的有效路径。通过绿色发展，我们可以实现社会经济的可持续发展，让人民享有更美好的生活，实现人与自然的和谐共生。这需要政府、企业和公众的共同努力，共同参与，共同推进这个伟大的绿色发展事业。

（四）最严格制度和最严密法治是保护生态环境的行动保障

在构建生态文明的过程中，最严格的制度和最严密的法治保障是保护生态环境的基本路径和关键措施，不仅要有刚性的法律约束和规范，而且还要有强有力的制度执行和监督，以确保环境保护行动的规范性和有效性。为了达到这个目标，我们需要做好以下几方面的工作：

首先，强化环保立法和法规的制定。我们需要制定和完善相关的生态环境保护法律法规，以确保法律的权威性、适用性和有效性。此外，我们也需要加强执法队伍的建设，提高执法效能和执法水平，确保法律得到严格执行。

其次，建立健全生态环境监管机制。我们需要加强对环境污染和生态破坏等违法行为的监管和惩罚，增强监管措施和监测手段，确保监管的全面性和及时性。同时，我们也需要加强对环境污染责任的追究，推动形成违法必究、失信必惩的法治环境。

再次，强化环保司法保护。我们需要完善环保司法体系，提高环保司法的专业性和公正性。我们需要加大对环境污染案件的打击力度，严惩环保犯罪行为，以维护社会公正和公平。

最后，鼓励公众参与和信息公开。我们应鼓励公众参与环境治理，建立完善的公众参与机制和平台，提高公众对环境治理的了解和参与度。同时，我们需要加强环境信息的公开和透明，使公众能够及时获取环境信息，行使他们的知情权和参与权。

总体来说，坚决执行最严格的制度和最严密的法治保护生态环境是生态文明建设的行动保障。通过建立完善的制度体系和法治环境，我们能够更有效地治理和保护生态环境，推动生态文明建设取得更大的成效，实现人与自然和谐共生的目标。这需要我们全社会共同努力，广泛参与，形成全方位、多层次的生态环境治理合力。

（五）坚持参与全球生态环境治理是生态文明建设的责任担当

作为全球环保行动的推动者和领导者，中国正在以前所未有的决心和行动，为推进全球生态治理和绿色发展提供示范。自党的十八大以来，习近平总书记领导着中国人民深度参与全球环境治理，真实履行环境公约义务，以全球视野研究全球环境问题，关心人类的未来命运。中国的这些行动，为全球可持续发展提供了中国的智慧和方案。

中国正在通过积极参与国际环保合作，加强与其他国家的交流和合作，共同应对全球气候变化、生物多样性保护、环境污染治理等全球性挑战。中国推动构建人类命运共同体的理念，提倡建立全球生态治理体系，提出共同、全面、协同、持续的全球治理观，推动形成国际环境治理的新格局。

此外，中国还通过提倡和参与国际倡议和合作机制，如共建“一带一路”倡议和国际绿色发展合作，推动绿色技术创新和应用，推进可持续能源发展，加强生态环境保护的交流和合作。中国积极履行国际责任，加强南南合作和南北合作，推动全球环境治理体系的改革和完善，为实现全球生态文明建设贡献力量。

中国积极参与全球生态环境治理，体现了中国作为负责任大国的责任担当，并展示了中国坚定走可持续发展道路的决心。通过深度参与和国际合作，中国致力于构建人类命运共同体，推动全球生态文明建设，实现人与自然的和谐共生，为创造更美好的未来而努力。

第五节　西方国家生态文明建设的经验

在过去的几十年里，许多西方国家也都对生态文明建设投入了大量的资源和努力，有一些有益经验值得我们借鉴和学习。

一、立法保护

在生态文明建设中，立法保护是确保环境保护有效实施的重要基础。许多西方国家通过法律制定来确保环境保护的执行力。这些国家通过制定一系列环保法案，如《清洁空气法》《清洁水法》等，为环境保护工作提供了法律授权和规范。

美国作为一个典型的例子，设立了美国环保署（EPA），该机构的设立是基于相关环保法案的授权。通过立法的方式，美国确立了环境保护的法律框架和机制，为环境保护工作提供了坚实的保障。

立法保护的重要性在于，它能够明确界定环境保护的法律责任和义务，为环境管理和保护提供具体的指导。通过法律的制定，可以对各种环境污染行为进行界定，并明确相应的处罚和补偿措施。这种立法保护模式为环境保护提供了强制性的手段，促使企业、个人等各方面积极参与到环境保护中来。

此外，立法保护还能够加强对环境资源的合理利用和管理。通过立法规定资源的使用条件、准入标准和监管措施，可以避免资源的过度开发和滥用，保护生态系统的稳定和健康发展。立法保护还可以推动技术创新和环境治理的发展，促进环境保护与经济发展的协调。

值得注意的是，立法保护需要与执法和监管相结合，形成一个完整的环境保护体系。而仅仅有了环境保护的法律框架还不够，还需要建立健全的执法机构和监管体系，确保法律的有效执行和监督。只有法律、执法和监管三者相互配合，才能真正实现环境保护的目标。

总之,立法保护是生态文明建设中至关重要的一环。通过制定环保法律,明确环境保护的法律责任和义务,加强对环境资源的管理和利用,促进环境保护与经济发展的协调。立法保护需要与执法和监管相结合,形成一个完整的环境保护体系,以确保环境保护的有效实施。

二、技术创新

技术创新是推动生态文明建设的重要动力。西方国家一直在可再生能源技术、废物管理技术以及环境友好型生产和消费技术等领域进行深入研究和创新。这些技术的发展和应用对于实现可持续发展和环境保护具有重要意义。

可再生能源技术是其中的一个重要方向。西方国家在太阳能、风能、水能等可再生能源技术领域取得了显著进展。例如,欧洲国家在风能和太阳能技术方面处于全球领先地位。通过技术创新,西方国家不断提高可再生能源的效率、可靠性和经济性,促进了可再生能源的广泛应用,减少了对传统化石能源的依赖,从而降低了环境污染和温室气体排放。

废物管理技术也是技术创新的一个重要领域。西方国家在废物处理和回收利用方面积极探索创新的解决方案。他们通过研发高效的废物分类、处理和回收技术,有效地降低了废物对环境的影响。例如,先进的垃圾分类系统和废物再利用技术能够最大限度地减少废物的填埋和焚烧,实现资源的循环利用,减少自然资源的消耗。

此外,环境友好型生产和消费技术也是技术创新的重要方向。西方国家致力于研发和推广环保型生产技术,减少对环境的负面影响。例如,采用低碳、节能、环保的生产工艺和设备,推动绿色制造和可持续发展。在消费领域,他们推动绿色消费观念的普及,鼓励人们购买环保产品和采取环保的生活方式。通过技术创新,西方国家在生产和消费过程中降低了资源消耗、污染物排放和碳排放,推动了可持续发展和生态文明建设。

技术创新在推动生态文明建设中发挥着重要的作用。它不仅为环境保护提供了有效的解决方案,还促进了经济的可持续发展。通过技术创新,西方国家不断推动环境保护和经济增长的良性循环,实现了资源的高效利用和环境的良好状况。

总之,技术创新在推动生态文明建设中具有重要的地位和作用。通过在可再生能源、废物管理和环境友好型生产消费等领域的创新研究，西方国家不断提高环境保护的效果和经济可持续发展水平，为全球的生态文明建设做出了积极贡献。

三、教育和公众意识

教育和公众意识是西方国家生态文明建设的重要组成部分。这些国家通过教育系统和各种公共活动，致力于提高公众对环保和可持续发展的认识，并鼓励公众积极参与生态保护的行动。在教育领域，他们采取了一系列措施来培养环保意识和可持续发展的价值观。

首先，西方国家在学校的课程中加入了环保教育内容。从小学到高中，学生们接受环境保护和可持续发展的教育。他们学习环境科学、生态学等相关知识，了解环境问题的成因和解决方法。通过教育，年轻一代逐渐形成了环保意识，并具备了为环境保护付诸行动的能力。

其次，西方国家通过举办各种环保主题的活动来提高公众意识。例如，组织环保宣传活动、举办环保讲座和研讨会等。这些活动旨在引起公众对环境问题的关注，并激发他们积极参与环保行动的热情。通过向公众传播环保知识，西方国家促使公众认识到环保与个人生活息息相关，激发公众的环保意识和责任感。

最后，西方国家还通过媒体和社交平台等渠道传播环保信息。媒体扮演着重要的角色，报道环境问题、可持续发展的实践案例，提高公众对环保的关注度。社交平台的兴起也为公众参与环保行动提供了平台，人们可以分享环保经验，形成更加广泛的环保意识。

教育和公众意识的提高对生态文明建设至关重要。通过教育系统和公众活动的努力，西方国家成功地提高了公众对环保和可持续发展的认识水平。公众逐渐认识到环境保护对人类生存和发展的重要性，并主动参与到环保行动中。他们在日常生活中采取节能减排、垃圾分类、环保消费等行为，为生态文明建设做出贡献。

总之，西方国家通过教育和公众意识的提升，促进了生态文明建设的进步。通过在学校教育中加入环保教育内容、举办环保主题活动以及媒体和社交平台的宣传，他们培养了公众的环保意识，激发了公众参与环保行动的热情。这种教育和公众意识的改变为生态文明建设提供了坚实的基础，推动了环境保护和可持续发展的进程。

四、绿色金融

绿色金融是西方国家在生态文明建设中的重要实践，通过金融工具推动企业进行环保和可持续发展的投资。这种金融模式为企业提供了资金支持，促使它们投入到环保项目和可持续发展项目中。

一种重要的绿色金融工具是绿色债券。绿色债券是一种特殊类型的债券，用于融资环境友好型项目。发行绿色债券的企业或机构承诺将借款用于可持续发展和环保项目，如可再生能源、能效改进、废物管理等。投资者购买绿色债券不仅能够获得收益，还可以参与环保事业，推动绿色经济的发展。

另一种绿色金融工具是绿色基金。绿色基金是一种专门用于投资环境友好型企业或项目的基金。它将资金投入到具有环保和可持续发展意识的企业，如清洁能源、节能环保技术等领域。通过绿色基金的投资，资金可以直接流向环保产业，支持和推动环境友好型企业的发展。

绿色金融的实践在西方国家取得了显著成果。通过绿色债券和绿色基金等金融工具，企业和机构可以获得资金支持，更容易进行环保和可持续发展的投资。这种方式不仅有利于企业实现经济效益，还促使它们在发展过程中考虑环境和社会责任。同时，投资者也受益于绿色金融，能够选择与自身价值观一致的投资项目，实现经济和环境的双重回报。

绿色金融的发展也为金融机构提供了新的业务增长点。银行、保险公司和投资机构等金融机构可以发展绿色金融产品和服务，满足公众对环保投资的需求。这为金融行业的可持续发展和转型提供了机会，推动了整个金融体系向绿色、可持续方向转变。

值得注意的是，绿色金融需要建立相应的标准和准则，确保投资的环境和社会效益。各国政府、国际组织和金融行业合作制定了一系列绿色金融标准和认证机制，如绿色债券原则、绿色项目评估指南等。这些标准和准则为绿色金融提供了规范和指导，确保资金有效流向环保和可持续发展领域。

综上所述，绿色金融是西方国家在生态文明建设中的重要经验之一。通过绿色债券、绿色基金等金融工具，促使企业进行环保和可持续发展的投资。绿色金融不仅为企业提供了资金支持，还推动了环保产业的发展和金融行业的转型。同时,绿色金融的实践需要建立相关标准和准则,确保资金有效流向环保和可持续发展领域。

五、市场机制

市场机制在西方国家的生态文明建设中发挥着重要的作用。通过设立环保税、排放交易等市场机制,西方国家鼓励污染者为其对环境造成的损害付出代价,从而提高环保效率和可持续发展。

一种常见的市场机制是环保税。环保税是对污染和资源消耗行为征收的税费,通过经济手段引导企业和个人减少污染排放和资源浪费。环保税的设立使得污染者需要为其对环境造成的损害承担经济责任,从而促使他们采取措施减少污染和提高资源利用效率。通过设立合理的环保税费标准,可以激励企业转向更环保、低碳的生产方式,促进绿色经济的发展。

另一种常见的市场机制是排放交易。排放交易是指通过市场交易的方式,对污染物的排放进行限制和交易。一个典型的例子是欧盟的碳排放交易系统。该系统通过将二氧化碳排放额度分配给企业,并允许企业在市场上进行交易,实现碳排放的减少和优化。这种市场机制通过经济激励,鼓励企业采取措施减少碳排放,推动清洁能源和低碳技术的发展。

市场机制的实施可以促使企业和个人在经济利益的驱动下更加积极地参与环境保护和可持续发展。通过在市场中引入环保税、排放交易等机制,西方国家实现了经济与环境的协调发展。污染和资源消耗对企业和个人来说不再是无成本的行为,而是需要承担经济成本的行为。这激励了企业改进技术、降低污染排放、提高资源利用效率,推动了绿色经济的发展。

此外,市场机制还鼓励了创新和技术发展。为了降低成本和符合环境要求,企业需要不断创新和改进技术,推动清洁能源和低碳技术的研发和应用。市场机制为这些技术创新提供了市场需求和经济激励,促进了绿色技术的发展和应用。

总之,市场机制在西方国家的生态文明建设中发挥着重要作用。通过设立环保税、排放交易等机制,西方国家实现了污染者为其对环境损害付出代价的目标,促进了环保效率的提高和可持续发展的实现。这种市场机制还鼓励企业创新和技术发展，推动绿色经济的发展和环境可持续性的实现。

六、国际合作

西方国家通过与其他国家的国际合作，积极推动全球范围内的生态文明建设。他们通过分享技术、提供资金支持和政策咨询等方式，帮助其他国家改善环境状况，促进可持续发展。

一种重要形式的国际合作是技术转让和分享。西方国家在环境保护和可持续发展方面积累了丰富的经验和先进的技术。他们通过与发展中国家和其他国家的合作，将这些技术转让给其他国家，帮助他们提升环境保护和可持续发展的能力。例如，德国通过其“国际气候保护倡议”向发展中国家提供技术支持和培训，帮助其发展可再生能源，提高能源效率，减少温室气体排放。

另外，西方国家还通过提供资金支持，帮助其他国家开展环境保护和可持续发展项目。他们提供发展援助、环境基金、绿色发展债务减免等形式的资金支持，用于支持其他国家改善环境状况、推动可持续发展。这些资金的投入可以用于清洁能源项目、生态保护、环境治理和可持续农业等领域，为其他国家提供了资金保障和经济支持。

此外，西方国家还通过政策咨询和经验分享，帮助其他国家制定和实施环境保护和可持续发展的政策。他们与其他国家开展对话和合作，分享自己在环境治理、法律法规、环境监管等方面的成功经验和最佳实践。通过政策咨询，其他国家可以借鉴西方国家的经验，制定出适合本国国情的环境保护政策，推动生态文明建设。

通过国际合作，西方国家在全球范围内推动了生态文明建设的进程。他们通过技术转让、资金支持和政策咨询等方式，帮助其他国家改善环境状况、推动可持续发展。这种国际合作不仅有助于提升其他国家的环保能力，也促进了全球环境保护和可持续发展的合作与进步。

总之，西方国家通过国际合作，为其他国家提供了技术支持、资金支持和政策咨询，推动了全球范围内的生态文明建设。这种国际合作促进了技术转让和分享，提供了资金支持，同时还帮助其他国家制定和实施环境保护政策。这种合作形式为全球环境保护和可持续发展提供了重要支持，为国际社会共同应对全球环境挑战付出努力。

第三章　新理念：推动绿色发展，促进人与自然和谐共生

人在自然环境中生存、生活和生产，大自然为人类提供了赖以生存和发展的各种条件。因此，人与自然应该处于一种和谐共生的关系，尊重自然、顺应自然、保护自然。加快发展方式的绿色转型就是在这种要求下提出的。当经济社会发展到一定程度之后，也要求我们转变经济增长方式，实行绿色发展。

第一节　加快发展方式绿色转型

从"十二五"时期开始，我国的经济增长方式开始进行转型，此后我国逐渐开展了对绿色、低碳的循环经济体系的探索，推广清洁生产、能源革命以及资源的节约集约利用。到了2022年，党的二十大召开，又提出了协同发展的观念，要求践行"金山银山"的理念，谋求人与自然的共同发展。[①]面对"降碳、减污、扩绿、增长"要求，在未来的发展中还需要从源头上进行探索。

① 党的二十大报告指出："大自然是人类赖以生存发展的基本条件。尊重自然、顺应自然、保护自然，是全面建设社会主义现代化国家的内在要求。必须牢固树立和践行绿水青山就是金山银山的理念，站在人与自然和谐共生的高度谋划发展。"

一、现代化进程中的生态环境保护问题

党的二十大报告指出，党和国家在过去几年的发展中，取得了许多成就，尽管这些成就令世界瞩目，但仍然存在许多困难与问题。在这些困难与问题中，生态环境保护的问题就是其中之一，且还十分艰巨。导致这一问题出现的原因包括认识与实践两个层面。

（一）生态理性未能与经济理性形成平衡

当前，受资源环境偏紧的约束，经济增长速度也逐渐出现了放缓的趋势。如何平衡经济与资源环境之间的关系，是对地方政府的极大考验。在各种主体的决策中，优先考虑经济仍然占据了主导地位，人们习惯了先算经济账，然后再考虑生态，亦即经济理性[①]与生态理性[②]之间还未能形成平衡的状态。思想是行动的先导，只有从思想上更正认识，树立起生态理性的观念，平衡好生态理性与经济理性之间的关系，才有可能从行动层面处理好经济与生态的平衡。

党的二十大报告强调了“绿水青山就是金山银山”的发展理念，这个理念将经济发展与环境保护之间的关系明确揭示了出来，对现代化建设有着重要的推进作用（图 3–1）。

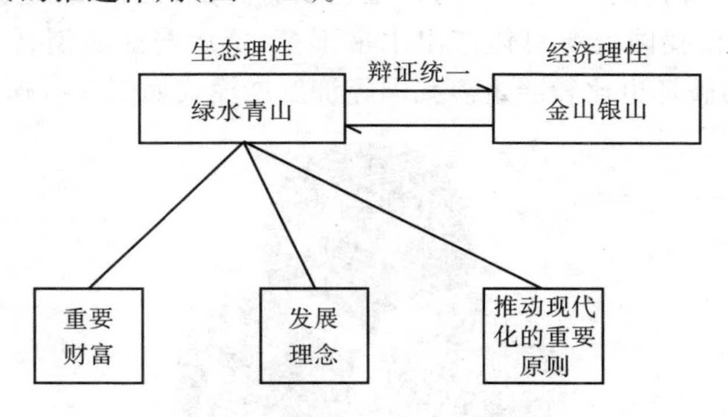

图 3–1　生态理性与经济理性

① 经济理性是研究解释经济现象、探讨揭示经济本质、解决经济问题的思维方式和哲学方法论。

② 生态理性是一种以自然规律为依据和准则、以人与自然的和谐发展为原则和目标的全方位的理性。

（二）传统发展方式导致转型发展面临新挑战

自党的十八大以来，就将中国特色社会主义建设的总体布局确定为"五位一体"（图 3-2），其中生态建设是重要的组成部分之一，在此后的发展中加快了推动绿色发展的步伐，加大了污染防治的力度，生态建设取得了显著的成效。

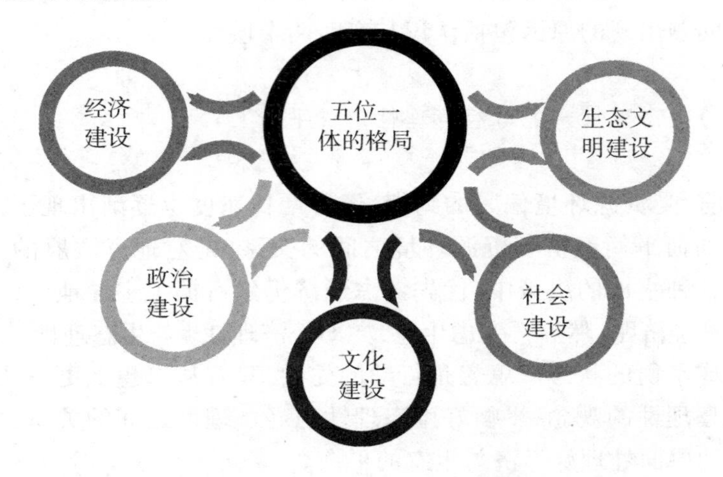

图 3-2 "五位一体"的发展格局

但是经济发展对路径的依赖性很强，产业转型升级也需要一个较长的过程。当前我国的产业结构转型还没有完成，经济增长方式较为粗放，这就导致我国资源总体产出水平不高，资源与能源消耗大，对生态环境造成的破坏也比较严重。我国经济发展模式如图 3-3 所示。

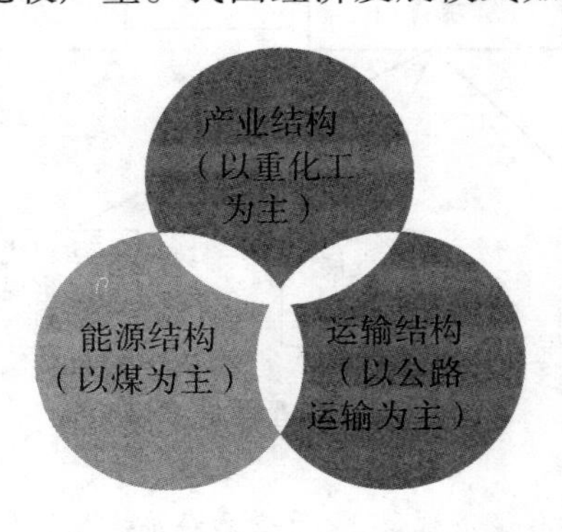

图 3-3 我国经济发展模式

与发达国家相比，我国的资源要素产出效率较低，还有很大的上升空间，加之不可再生资源（如石油、天然气等）储量有限，对外依存性很高，污染物排放量大，因此在未来很长的一段时间内，转变传统发展方式，实现发展方式绿色转型的任务都比较艰巨。

（三）生态环境价值实现仍存在诸多难点

在众多推动生产方式和生活方式绿色转型的因素中，生态环境要素的定价水平是比较重要的一种。但是我国目前的生态环境要素的定价水平还比较低，市场也未能发挥它应有的作用，生态产品在转化为物化产品实现价值等方面还存在许多障碍（图 3–4）。

权属界定

自然资源的权属关系较为复杂，涉及所有权、经营权、收益权等，厘清各类资源的权属关系不仅涉及大量确权工作，还可能涉及利益调整引发矛盾

价值评估

GEP（Gross Ecosystem Product，生态系统生产总值）核算等方法人为调节空间较大，缺乏权威性的标准

价值转化

如何实现生态资源取得合理幅度的价值增值仍是难点，在生态产业运营、生态补偿等领域还需加大政策创新与推广力度

图 3–4　生态价值实现的难点

二、加快发展方式绿色转型的路径分析

加快发展方式的绿色转型需要处理好经济发展与生态保护的关系，这是最基本的前提。绿色发展方式的本质就是使经济发展与环境资源相互脱离，经济的发展不以资源的消耗与环境的污染为代价。要加快发展方式的绿色转型需要在遵循产业发展规律的基础上，加强政府的政策

干预和引导。

(一)正确认识经济发展与生态环境保护的关系

根据环境库兹涅茨理论我们可知,经济发展与生态环境保护之间在早期是相互背离的,即经济越发展,环境污染越严重。但到了经济高度发展以后,二者却呈现出协同的特征,即经济越发展,反而越有利于生态环境保护。据此理论,可绘制出经济发展与生态环境保护之间的关系图,即环境库兹涅茨曲线(图 3-5)。这个曲线呈现倒 U 型。环境恶化向环境改善的拐点被称为库兹涅茨环境拐点。

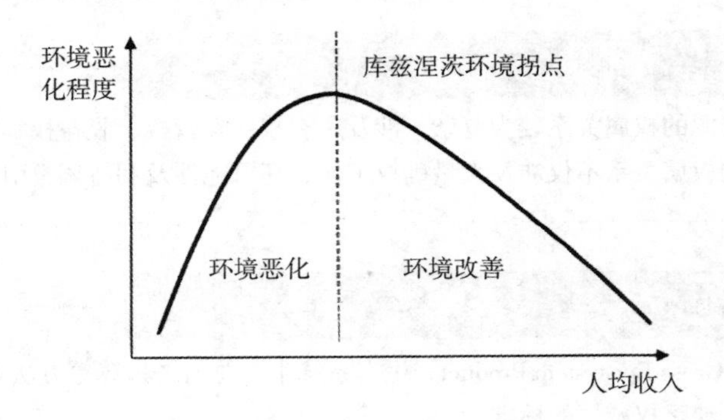

图 3-5 环境库兹涅茨曲线

对于环境库兹涅茨理论在我国的应用,2006 年发表于《浙江日报》上的文章《破解经济发展和环境保护的“两难”悖论》[①] 中指出,我们应

① 原文:经济发展和环境保护是传统发展模式中的一对“两难”矛盾,是相互依存、对立统一的关系。在环境经济学中,“环境库兹涅茨曲线理论”认为,在经济发展的初级阶段,随着人均收入的增加,环境污染由低趋高;到达某个临界点(拐点)后,随着人均收入的进一步增加,环境污染又由高趋低,环境得到改善和恢复。对于我省欠发达地区来说,优势是“绿水青山”尚在,劣势是“金山银山”不足,自觉地认识和把握“环境库兹涅茨曲线理论”,促进拐点早日到来,具有特殊的意义。但是,要特别防止这样一种误区:似乎只要等到拐点来了,人均收入或财富的增长就自然有助于改善环境质量,因而对环境污染和生态破坏问题采取无所作为的消极态度。显然,这种错误认识将使我们不得不重蹈“先污染后治理”或“边污染边治理”的覆辙,最终将使“绿水青山”和“金山银山”都落空。欠发达地区只有以科学发展观为统领,贯彻落实好环保优先政策,走科技先导型、资源节约型、环境友好型的发展之路,才能实现由“环境换取增长”向“环境优化增长”的转变,由经济发展与环境保护的“两难”向二者协调发展的“双赢”的转变;才能真正做到经济建设与生态建设同步推进,产业竞争力与环境竞争力一起提升,物质文明与生态文明共同发展;才能既培育好“金山银山”,成为我省新的经济增长点,又保护好“绿水青山”,在生态建设方面为全省做贡献。

该自觉认识和把握“环境库兹涅茨曲线理论”，以促进拐点的早日到来。然而，这并不意味着我们可以采取消极的态度对待环境污染和生态破坏问题。如果我们采取消极的态度，有可能即使经济得到发展，人均收入或财富得到增长，生态环境也不一定得到改善。反之，我们采取积极的态度，还有可能促进拐点的早日到来以及获得更好的生态保护效果。可见，“环境库兹涅茨曲线”仅是一种可能性，不是一种必然。

在这个过程中，经济发展与生态环境保护应该是相互促进、螺旋式上升的关系。二者的协同发展有赖于产业的转型升级、产业发展质效的提升以及环境规制的加强。

（二）坚持经济发展与生态环境保护协同

经济的发展既要看规模，又要看效益。规模是对经济发展量的衡量，而效益则是对经济发展质的衡量。高质量的经济发展，需要综合考虑经济发展的量与质。经济发展与生态环境保护的协同则体现在全要素的生产率，它主要看的是经济发展的质量。全要素生产率的提升，需要从三个方面来入手（图 3-6）。这三个方面需要采用积极的干预措施，才有可能取得良好的效果。

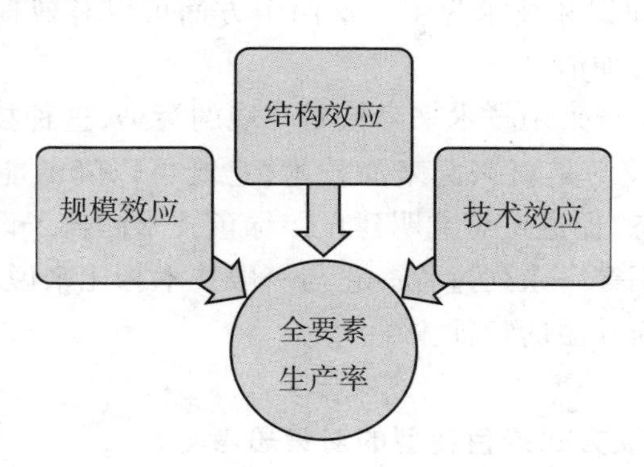

图 3-6　全要素生产率的提升效应

规模效应根据采取手段的不同，会呈现出正向效应与负向效应两种结果。负向效应是指没有采取积极干预的情况下，企业经济规模的增长会造成环境污染的增加。而正向效应主要是指采取积极干预之后，企业的经济增长反而促进了生态环境质量的提升。这种积极干预包括采用产业集聚、产业重组等措施来提高产业集中度,从而增加企业的规模经济效应。

结构效应(图 3-7)是指经济发展中的各种结构所产生的效应。经济发展的各个结构要素是相互影响的,在考虑时需要统筹起来。

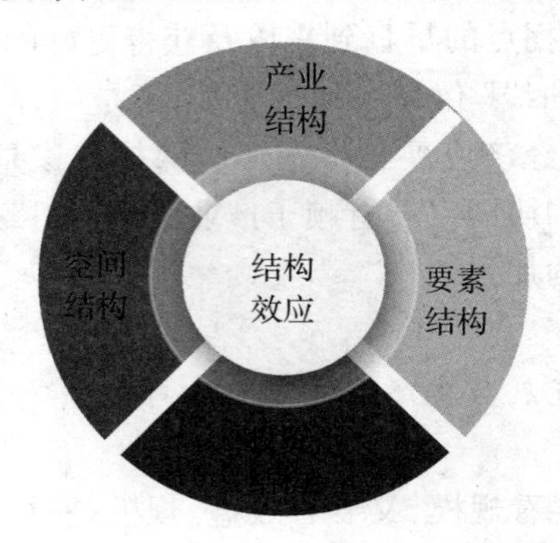

图 3-7　结构效应的各个要素

其中最重要的应该属产业结构。它的优化调整对于降低环境污染、保护生态环境具有积极的作用。产业结构的优化措施主要有两个方面,即提高高端制造业和生产性服务业的占比,使生产要素由以劳动和资本为主转变为以知识和技术为主。这两个方面可以有效提升经济发展的效率和产业的附加值。

技术效应是指采用技术来降低对环境的污染,这种技术一般是指绿色技术。绿色技术是新兴起来的技术,它既可以降低能耗、减少污染,也可以改善生态,促进生态文明建设。绿色技术涵盖了设计—生产—消费—回收—利用等一系列过程。它与一般技术相比来说,具有减少环境损害和技术创新外溢的特征。

三、加快发展方式绿色转型的对策思考

由上述分析可知,加快发展方式的绿色转型,除了要在认识上增强生态理性,在规模效应、结构效应、技术效应上促进经济发展与生态环境保护的协同,还可以从以下几方面努力:

（一）全面提升现有产业效益

在经济发展与生态环境保护协同发展的各种效应中，首先应该考虑提升产业的正向规模效应，这也是适应大多数地区的方法。正向规模效应的主要方式就是对对环境造成污染的企业进行“关停”。然而“关停”会造成大量环境污染企业散置，同时也会影响地区就业和经济收入。因此，除了“关停”之外，还应采取“并转”的方式。“并”就是进行产业重组，提高产业的集中度，帮助市场主体升级，进而提升产业的附加值。产业重组对于县域经济以及乡镇企业尤为重要，它不仅能够较好地解决环境治理问题，还可以稳住就业和增加收入。重组后的产业还可以推动企业进行研发，发挥技术效应。同时，建设专业的产业化集群也是正向规模效应发挥的重要途径。同一产业或同一产业链的企业在污染上具有很大的相似性，建设产业集群，共同进行研发，可以共建共享污染物的收集和处理系统，以降低治理和监管成本。

（二）持续优化产业结构体系

产业结构的优化和升级是促进以制造业为主的地区经济发展与生态环境保护协同发展的重要途径。而产业结构的优化和升级需要根据各个地区的具体情况采用不同的措施。

第一，“腾笼换鸟”，这是适应大多数地区的措施。它以新兴产业和服务业来替换原有的对环境形成污染的产业，这样可以使原有的产业结构变得更轻更优，但需要空间结构、投资结构、要素结构等的协同配合，才能达到理想的效果。

第二，“凤凰涅槃”。部分地区受技术和人才的限制，简单利用“腾笼换鸟”的方式并不能达到理想的效果。特别是对于传统产业基础较好的地区，“腾笼换鸟”也会形成一种浪费。这时就需要考虑“凤凰涅槃”的方式。它是将传统产业进行优化和升级，提高产业的附加值。同时，在原有产业结构中匹配“污染分解者”的角色，将原有的污染进行回收和利用，发展循环经济，以降低对环境和资源的负担。

第三，在资源枯竭的地区，若既无法发展新兴产业，又无力延续传统产业，则可以采用延伸或替换原有产业链条的方式，发展生态产业链，并促进传统产业与其他产业或周边地区产业的共生。

（三）加快推进绿色科技创新

当前,部分地区在规模效应和结构效应方面已采取了大量的措施,并取得了初步的成效,但未来进一步提升的空间已变得十分有限。在未来的发展中,应该侧重技术效应的优势,加强绿色科技创新。绿色科技是未来科技发展的基本方向,是人类建设美丽地球的重要手段。对此,我们可以从三个方面进行努力(图 3-8)。

绿色科技	传统产业	低碳发展
构建市场导向的绿色技术创新体系，发展绿色金融，壮大节能环保、清洁生产和清洁能源等产业	发挥绿色科技的提质增效作用，对传统经济进行全面的绿色改造，使其向低能耗、高效益的方向演变	加大数字化转型、产品创新和商业模式创新等力度，全面提升能源利用效率，推动产业持续升级

图 3-8　绿色科技创新的措施

（四）着力健全要素市场化配置体系

加快发展方式的绿色转型虽然已经取得了一定的成效,但还面临着一些需要重点治理的问题。从绿色科技的方面来看,绿色科技具有减少环境污染、技术创新外溢两种外部特征,它能够促进生态文明建设,但是在发展过程中的不确定性很大,同时,投资与收益也不是对等的,投资的回报期很长。这就使得企业缺乏进行绿色技术创新的动力,同时,地方政府受利益导向的影响,对绿色技术创新重视不足。公共政策还存在“一刀切”的情况,缺乏精准性。“一刀切”主要是出于总量控制和标准控制的考虑,但对经济发展的损害很大。此外,对于已经达标的企业也没有采取足够的正向激励,使企业失去了继续创新的动力。

要解决这个问题，离不开现代化的治理体系与治理能力，同时需要充分发挥市场和行政两种力量。政府方面，主要是加强责任归属，约束企业行为，优化现在的治理措施（图 3-9）。

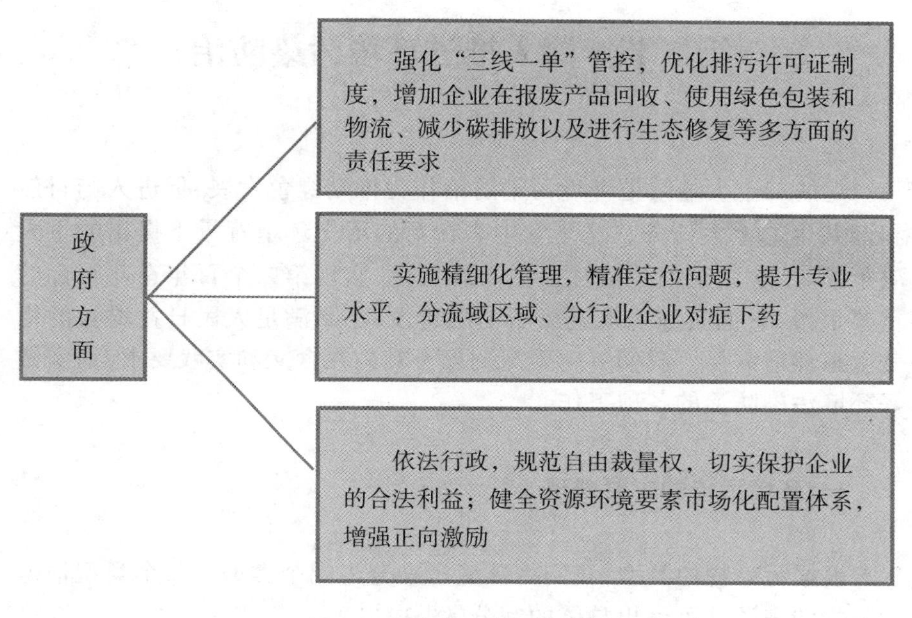

图 3-9　政府对市场的调控

市场方面，主要是健全资源环境要素的市场化配置体系，对达标企业增强正向激励（图 3-10）。

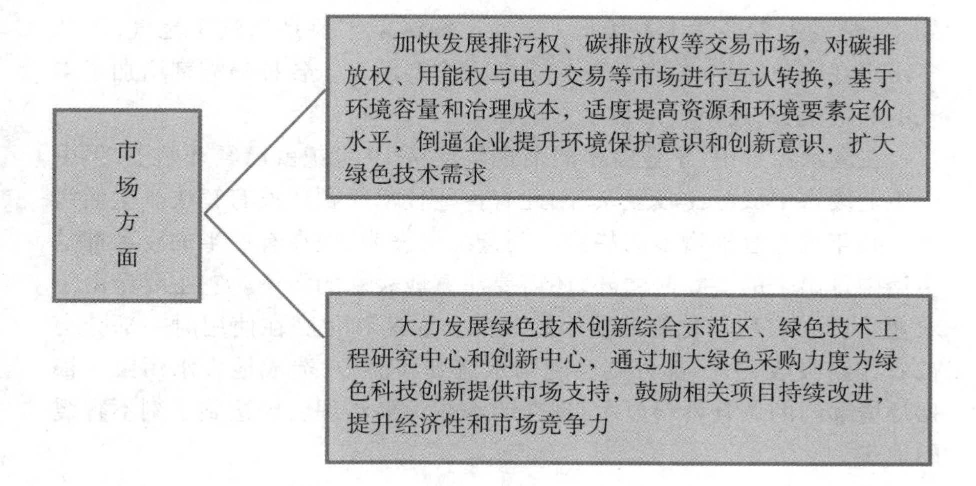

图 3-10　市场自身的调控

第二节　深入推进环境污染防治

党的二十大继续把环境污染防治作为推动绿色发展,促进人与自然和谐共生的重大任务。这是党中央在新的历史环境背景下提出的重大决策部署,它是全面建成社会主义现代化、实现第二个百年奋斗目标的重要手段,它的实施能推进美丽中国建设,不断满足人民日益增长的优美生态环境需要。我们一定要深刻思考其内在含义和实践要求,切实做好环境污染防治的各项工作。

一、环境污染的主要表现

根据污染物的类型,我们将环境污染分为四个类型。每个类型根据污染物的来源又可做出具体的细分(图 3-11)。

在造成大气污染的两种因素中,需要重点注意的是人为因素。其中工业类污染性质尤其复杂,它是城市空气污染的最主要因素,对人的呼吸系统会造成危害。1952 年的伦敦烟雾就是由工业生产造成的大气污染,当时丧生者多达 1.2 万人。交通运输污染主要是指汽车尾气,因此多出现在人口密集、汽车数量较多的大中型城市。各种喷雾剂增加了空气的有害成分,使空气形成了二次污染。

在废水污染中,工业废水的治理虽然从 19 世纪就已经开始了,但由于工业废水中成分比较复杂,因此有一些技术问题还没有解决。生活污水近几年来有逐渐增多的趋势。调查结果表明,现在有一半的废水都是生活中排出来的。除此之外,还需要注意地表水的污染。它主要是由于农业生产中农药与化肥的使用造成的。农药和化肥在使用时一部分会被农作物吸收,另一部分则会随雨水流到河流中,造成地表水污染。根据环境部门的调查资料显示,现在的水体污染治理已经达到了刻不容缓的地步。

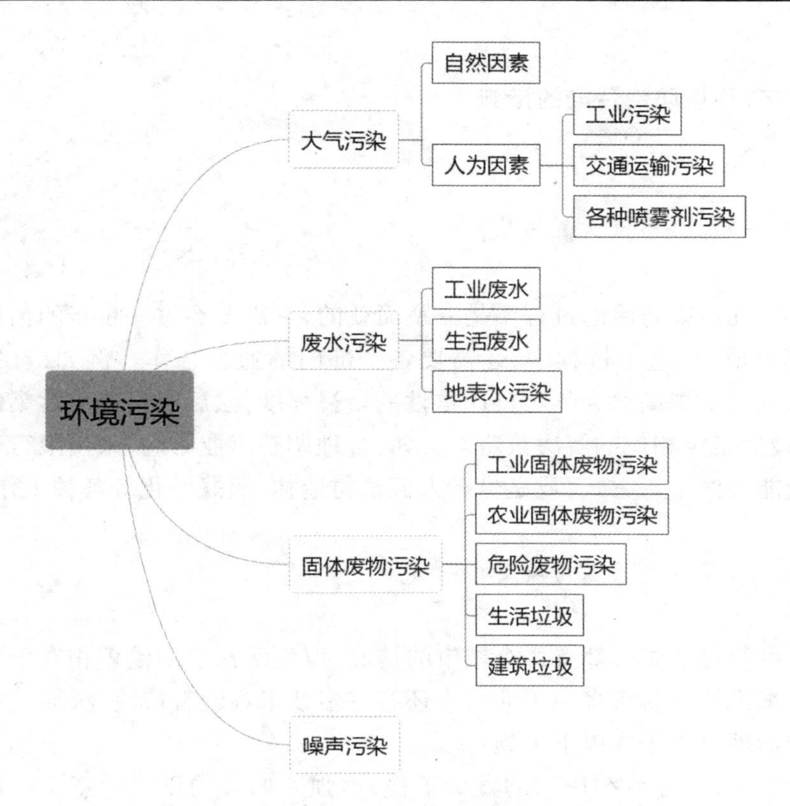

图 3-11　环境污染的分类

固体废弃物随着人们认识的不断提高而越来越受到重视。固体废物虽然貌似固体，但是在不断的氧化和雨水侵蚀过程中会形成有害物质，从而污染大气、水体和土壤，甚至直接危害人们的健康。因此，固体废弃物不容小觑，一定要对其进行治理。

噪声污染是在城市化进程中逐渐出现的，它主要来自机动车、工业厂房、建筑工地、文娱场所等。高强度的噪声污染会影响人们的听觉系统、神经系统和消化系统，使人们心烦意乱、情绪低落，影响人们的休息和生活质量，甚至直接引发疾病。它是城市污染的主要灾害之一。

二、环境防治污染的措施

(一)综合整治大气污染

大气污染防治的过程不是一蹴而就的,它需要经过一步步的治理才能够完成,在这个过程中,还需要各个部门的通力合作。例如,首先需要从认识上提高对大气污染严重性的重视程度,然后找出造成污染的根源,最后制定相应的解决策略。又如,合理调整工业布局,采用限行与推广新能源汽车等方式,或是号召人们植树造林、搞好绿化等各种工作。

(二)综合整治水污染

尽管每个城市都有每个城市的情况,但生活污水的治理相对于工业污水来说要容易得多。工业污水还有许多技术难题有待攻克,而生活污水的治理可以采取以下措施:

第一,做好节约用水的宣传工作,增强人们节约用水的意识。针对废水,不但要进行再利用,还要做好化学处理才排入污水管道。

第二,根据不同区域的污染情况,做好用水区域划分工作。这样有助于针对不同地区采用不同的措施。例如,开办污水处理厂,学习先进的污水处理经验,购买先进的污水处理设备等;对于将没有经过处理的污水排入河流的企业进行严肃处理;帮助人们培养良好的用水习惯等。

(三)综合整治固体废物

以城市的生活垃圾为例,我们来看固体废物的综合整治。生活垃圾的处理不外乎填埋、焚烧两种方式。在使用填埋的方式时,要注意对土地资源的保护,不能对土壤造成污染,同时还应尽可能使填埋的垃圾能够再次被利用。在使用焚烧的方式时,焚烧的垃圾应该是那些可燃性垃圾,燃烧过后不会留下二次污染,焚烧的地点应该选在远离人们生活的地方。

（四）有效整治和规范噪声污染

相对于其他污染类型来说，噪声污染的治理方法已经相当成熟了。但是由于现代工业和交通运输业的发展，噪声污染的问题还比较突出，因此仍然需要采取一定的手段来防治，如高科技处理设备，隔声、减振等技术都是既经济又比较有效果的。同时，还需要从认识上来加强人们对噪声防治的重视，如增强人们文化素养和人们的防污染意识等。

三、环境污染防治的新思考

党的二十大报告在充分肯定了我国环境污染防治取得成绩的同时，还指出了环境污染防治的任务仍然十分艰巨，必须深入推进环境污染防治工作，争取由量变到质量的拐点早日到来。

新时代，环境污染防治攻坚应坚持向纵深推进，防治范围和领域不断扩展，力度和方式也应持续创新，以推动美丽中国建设步伐的稳步向前。具体来说，包括以下几个方面（图 3–12）：

推动产业结构调整迈向绿色化低碳化

充分发挥生态环境保护引领、优化和倒逼作用，推动减污降碳协同增效，大力发展绿色低碳产业

推动能源结构清洁化低碳化坚实前行

立足以煤为主的基本国情，持续推进煤炭等化石能源清洁高效集中利用，大力发展非化石能源

推动生态环境质量明显改善持续向好

坚持精准治污、科学治污、依法治污，以解决人民群众反映强烈的突出生态环境问题为重点，拓广度、延深度、加力度，深入打好蓝天、碧水、净土保卫战

图 3–12　环境污染防治的措施

第三节　提升生态系统多样性、稳定性、持续性

一、我国生态系统保护工作取得历史性成就

自十八大以来，我国就着力抓好生态文明建设工作，这是一项具有根本性、开创性、长远性的工作，党的二十大再次强调了生态文明建设的重要性与必要性。围绕生态文明建设，我国提出了一系列新理念新思想与新战略，同时还将生态文明建设写入了党章和宪法。随着生态文明思想普及工作的开展，生态文明理念已经深入人心。人们对为什么建设生态文明、建设什么样的生态文明、怎样建设生态文明等有了初步的了解，并进行了一系列尝试。通过深化生态文明体制改革，我国的生态保护工作发生了历史性的改变，取得了历史性的成就（图 3–13）。

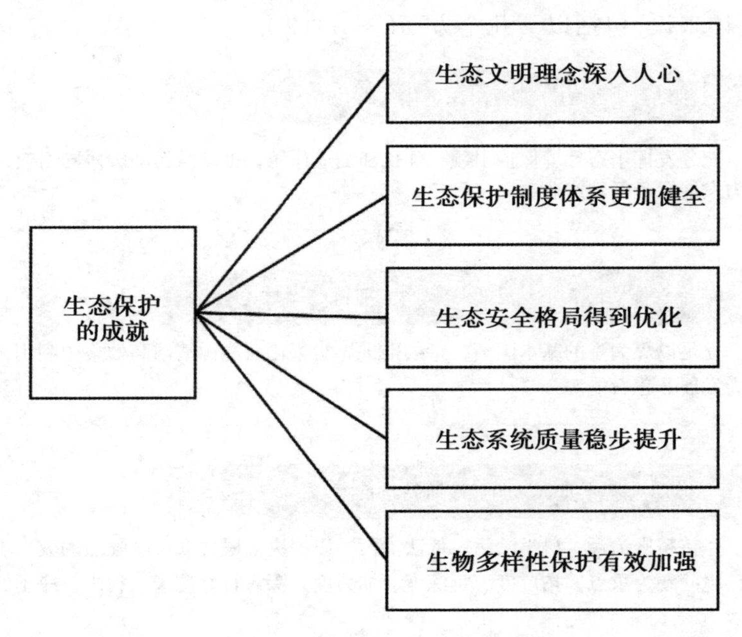

图 3–13　生态保护取得的成就

在看到成就的同时，也应该看到我国的生态基底还比较脆弱，对一些重大问题的认识还不够深入，加之人与自然关系比较复杂，全球气候变化也具有不确定性，因此生态保护仍然是任重而道远。我们必须坚持加强生态保护，推动我国生态环境得到根本改变。

二、准确把握生态系统保护的总体要求

党的二十大报告为生态系统的保护提出了总的方向和要求，它要求坚持“绿水青山就是金山银山”的理念，站在人与自然和谐共生的高度上来谋求未来发展。生态系统保护的总体要求包括处理好四个方面的关系（图 3-14）。

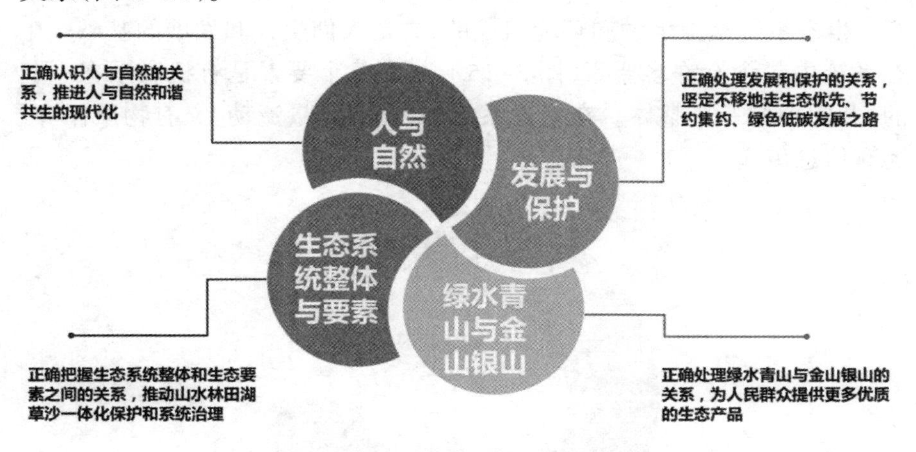

图 3-14 生态系统保护的总体要求

（一）人与自然的关系

大自然是人类赖以生存的摇篮，它为人类提供了生存和发展所需要的基本条件。人与自然是生命的共同体，我们在发展过程中要尊重自然、顺应自然、保护自然。党的二十大报告指出，尊重自然、顺应自然、保护自然，实现人与自然的和谐共生，是全面建设社会主义现代化国家的内在要求。因此，在处理人与自然的关系上，我们应该守住底线，有所取舍，防止过度地向自然索取，限制利用自然的不合理行为，禁止违背自然规律的行为，真正构建人与自然的和谐关系。

(二)发展和保护的关系

生态环境问题归根到底是由发展方式和生活方式的不合理造成的,如过度开发、粗放利用、奢侈浪费等。根据我国的国情,单纯复制西方的现代化道路是不行的。这就要求我们在充分结合我国国情的基础上,走属于自己的道路。党的二十大报告提出我国要应对气候变化,保护生态系统,治理污染,应该统筹产业结构调整,推进绿色低碳发展。

(三)生态系统整体和要素的关系

生态系统是由生物和环境组成的,它是人们生存和发展的基础。生态系统中包含有许多要素(图 3-15),其中各个要素是有机联系在一起的,共同构成一个整体。在生态系统中,既有能量流动,又有物质循环,还有信息传递。

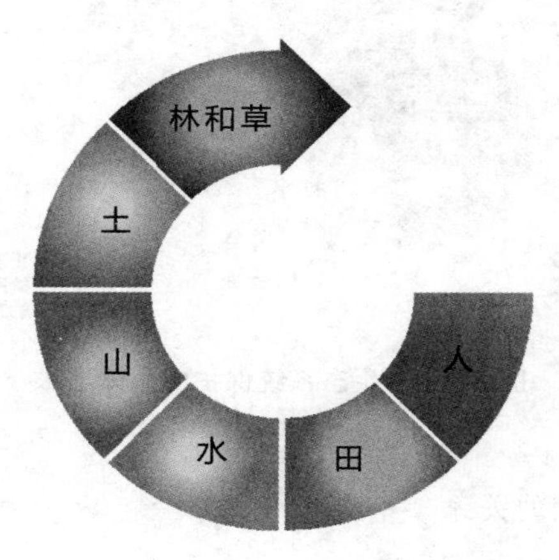

图 3-15 生态系统的各要素[①]

对生态系统的保护要从整体入手,不能头疼医头、脚疼医脚,必须统筹各个要素。当然,结合不同的地域特点,还需要具体情况具体分析,如在干旱、半干旱地区就不适合采用大规模植树造林的方式来进行生态建

① 习近平总书记指出:"人的命脉在田,田的命脉在水,水的命脉在山,山的命脉在土,土的命脉在林和草,这个生命共同体是人类生存发展的物质基础。"

设，大规模植树造林会影响当地的水体[①]之间的平衡转化，过度疏干地下水。这类区域适宜以草灌为主恢复生态。

(四)绿水青山与金山银山的关系

绿水青山与金山银山之间的关系就是发展观与政绩观之间的关系(图3-16)。

图 3-16　“绿水青山就是金山银山”的实质

我国目前的主要矛盾是随着经济的不断发展，人们对美好生活的向往日益增长，人民日益增长的美好生活需要有很大一部分就是对良好生态环境的渴望，但不平衡不充分的发展却无法满足这种要求。要满足这个需要，我们应该不断地提升发展的质量和稳定，提供更多的优质生态产品。优质生态产品是最公平的公共产品，它与民生福祉息息相关。同时，还应该发挥市场与政府的共同作用，协调资源配置，进行宏观调控，促进生态产品的价值实现，推动绿水青山向金山银山转化。

三、提升生态系统多样性、稳定性、持续性的任务和举措

党的二十大报告对生态文明建设做出了战略部署，对生态系统的多样性、稳定性、持续性提出了明确的要求，我们要着力抓好落实。

(一)实施生态系统保护和修复重大工程

生态系统保护和修复大工程是从整体上来对我国生态系统实施保

① 包括大气降水、地表水、土壤水、地下水等。

护，它是保障国家生态安全的重要基础，它的实施应以国家重点生态功能区、生态保护红线、自然保护地等为重点，推动它在"三区四带"① 的实施。在具体实施过程中，还应统筹考虑生态系统的完整性、地理单元的连续性和经济社会发展的可持续性，构筑生态安全的屏障。

（二）全面推进自然保护地体系建设

自然保护地在我国生态安全的维护中占有首要位置。它的保护体系（图 3-17）已初步建立了起来，由国家公园、自然保护区、自然公园三大部分构成。在具体的保护策略上，要根据不同的保护地分类分区管控。

国家公园	自然保护区	自然公园
要落实国家公园空间布局方案，把自然生态系统中最重要、自然景观最独特、自然遗产最精华、生物多样性最富集的区域划入国家公园	完善自然保护区布局，填补保护空白，优化现有自然保护区边界	将具有生态、观赏、文化和科学价值的森林、草原、湿地、海洋、沙漠、冰川等自然生态系统、自然遗迹和自然景观区域划入自然公园，发挥自然公园服务科研、教育、游憩的功能

图 3-17　自然保护地体系

此外，在自然保护地体系的构建上，还应加强立法工作，修订关于自然保护区、公园、风景名胜区等的法律条例，完善自然保护地法规体系。

（三）实施生物多样性保护重大工程

生物多样性对于生态系统功能的发挥以及结构的稳定至关重要。生物多样性包括的范围很广，既包括生态复合体，也包括生态复合体中

① 青藏高原生态屏障区、黄河重点生态区、长江重点生态区、东北森林带、北方防沙带、南方丘陵山地带、海岸带。

包含的生物、环境之间的各种生态过程。生物多样性的保护很早就引起了我国的重视，在长久的实践中取得了许多积极的成效，但也有一些问题无法被忽视。生物多样性的保护应该分析具体的问题，实行不同的策略，如针对外来生物物种的入侵问题，需要开展外来生物物种的普查工作，加强对外来生物物种的监测和治理工作。对于迁地物种空缺的问题，需要填补重要区域的重要物种空缺，构筑生物多样性保护网络。同时，加强生物安全管理工作，建立健全生物技术环境安全评估与监管技术支撑体系，完善监测信息报告系统和生物安全事件应急处置能力。生物多样性的治理可采用多边治理体系，积极履行国际公约的相关义务。

（四）科学开展大规模国土绿化行动

国土绿化是生态系统保护的重要举措，它对改善生态环境、应对气候变化、维护生态安全发挥着重要的作用。国土绿化应该科学绿化，对各地情况进行调查评估，根据不同地区的不同情况，开展造林和种草工作。对各地的水资源承载力进行充分考量，依据水资源的承载能力，决定这一地区是否进行绿化，科学恢复植被。同时，还要开展碳汇能力专项行动，将森林、草原、湿地、海洋土壤、冻土的固碳作用充分发挥出来。

（五）推行草原森林河流湖泊湿地休养生息

长期高度开发对我国的草原、森林、河流、湖泊、湿地等资源造成了不同程度的损害。虽然我国这些资源相对丰富，但仍需要降低人为活动的干扰，实行休养生息的策略（图 3–18）。

（六）完善生态产品价值实现机制和生态保护补偿制度

生态产品大多属于不能直接用来市场交换的公共产品，它的价值实现要靠政府的引导和规制，其导向机制包括三个方面（图 3–19）。

草原
要以保障草原生态安全为目标，落实禁牧、休牧和草畜平衡制度，促进草原永续利用

天然林
实施天然林保护，全面禁止天然林商业采伐，加强森林抚育

河流和湿地
统筹水资源、水环境、水生态、水安全，加强河流和湿地生态流量管理，实施好长江10年禁渔，推动河湖和湿地生态保护修复

农田
针对农田过度利用、土壤污染、肥力下降等问题，坚持用养结合，健全耕地休耕轮作制度，实施污染管控治理，提高耕地生产能力

图 3-18　草原、天然林、河流和湿地、农田的休养生息

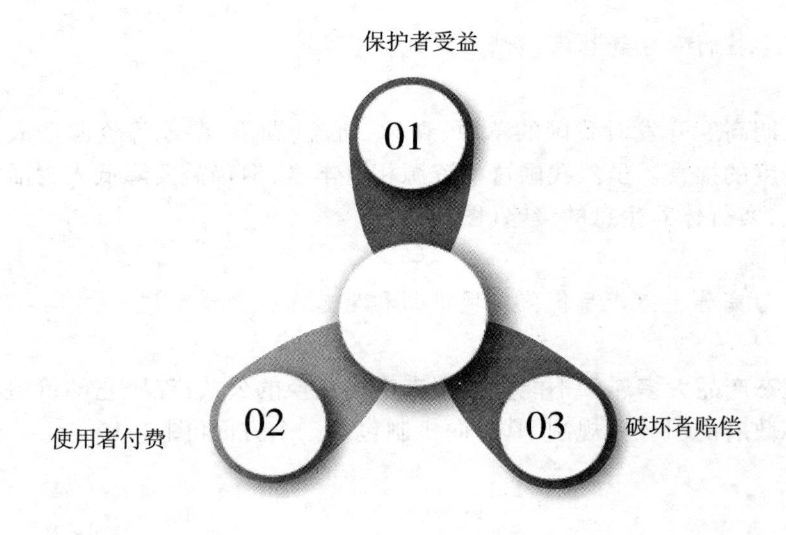

图 3-19　生态产品的价值导向

同时，生态产品还应该从纵向和横向建立补偿机制，并推动经营开发机制和评估机制的建立，促进生态产品的价值转化。

第四节　积极稳妥推进碳达峰碳中和

党的二十大报告提出，要积极稳妥推进碳达峰碳中和（简称“双碳”）。“双碳”是一场广泛而深刻的社会经济系统变革，它的实施应立足于我国的能源资源现状，采用先立后破的方式，有计划分步骤地进行。

一、实现“双碳”目标的机遇挑战及其必要性

实现“双碳”目标，是全球应对气候变化、保护我们地球家园的要求，也是减少化石能源的使用、发展清洁能源、满足人们生活和生产需要的必然选择，还是形成新的经济增长点，转变经济增长方式、促进产业结构转型的内在要求。然而，中国的“双碳”目标面临着前所未有的挑战。具体来说，包括四个方面（图 3-20）。

第一，我国工业化和城市化的历史任务尚未完成，既要发展又要控制能源消耗和二氧化碳排放；既要关注长期问题，也要解决紧迫的现实问题

第二，我国二氧化碳排放主要以化石能源为主，能源结构优化调整任务艰巨

第三，我国碳中和的实现时间短，从碳达峰到碳中和仅有30年时间，远低于发达国家（一般有的50—60年）的过渡期

第四，我国无法效仿发达国家的碳达峰碳中和模式，虽有后发优势特别是新一轮技术革命的机遇，但在总量和强度双高的背景下实现碳达峰碳中和难度很大，需要探索符合中国国情的碳达峰碳中和之路

图 3-20　“双碳”目标的现实困境

新一轮的科技革命为我国实现“双碳”目标创造了条件。新技术、新产业、新业态、新模式等为“双碳”目标的实现带来了极大的机遇，也为我国进一步抓住科技革命提供了机遇，为实现“双碳”目标开辟了广阔前景。同时，“十四五”时期，我国的超大规模经济优势将进一步显现出来。“十四五”规划和2035年远景目标纲要明确了未来5年以及到2035年的经济社会发展主要目标。我们应该坚持目标引领，脚踏实地，为全面建设社会主义现代化国家开好局、起好步。

二、实现“双碳”目标的路径：逐一突破，多维发力

要实现“双碳”目标，应该在精准识别“双碳”实现挑战的基础上，从关键问题入手，逐一突破。

从技术创新角度来说，我国现阶段的低碳技术创新可能会引发经济成本的增加和社会福利的损失，因为低碳技术的成本通常都是高于传统技术的成本的。以煤炭技术为例，不管是清洁煤技术还是可再生能源技术，其成本都要远高于传统煤电技术。实现碳中和目标的关键技术碳捕获、利用和封存技术（CCUS）成本也过于高昂。对此，我们可实行技术创新研发和激励的政策保障落实“双轨”并行。一方面，持续的技术开发，可以降低低碳技术的成本；另一方面，激励政策可以鼓励企业，平衡低碳技术与传统技术之间的成本差，引导资本流向低碳技术领域。

从政策角度来说，要实现“双碳”目标，需要发挥政策的激励和引导作用。相对于政府的行政命令来说，基于市场机制的政策能够取得更好的效果。在实现“双碳”目标方面，基于市场机制的政策主要是减排政策（表3-1），它包括控制价格和控制排放数量两种政策。这两种政策的适用范围不同，优劣势都有。将这二者结合起来，可以获得更加理想的效果。我国即实施碳税与碳排放交易相结合的复合减排政策。

表3-1 减排政策及其实施

	碳税政策	碳排放交易机制
特征	以价格控制为特征	以数量控制为特征
适用范围	排放源比较集中的行业	排放源比较分散的行业

第四章　新路径：大力发展生态经济体系

近几年，不合理的经济发展方式对环境造成的恶劣影响频频出现。雾霾、沙尘暴等极端天气不仅影响了人们正常的生产生活，还使得人们对现有的经济发展方式产生了深刻的思考。在这种背景下，大力发展生态经济成为人们共同的追求。本章即围绕此展开分析。

第一节　大力发展循环经济

一、循环经济概述

（一）循环经济的概念

“循环经济”出现不久就被引入了中国。基于这一概念，学术界针对资源利用、环境保护、经济增长方式以及实现的技术范式等展开了研究。

“循环经济”的概念，比较通用的是国家发改委提出的定义。它是针对当前传统经济增长模式中出现的“大量生产、大量消费、大量废弃”而提出的，以可持续发展为基本理念，追求资源的高效和循环利用。国家发改委提出的“循环经济”概念对它的核心、原则、特征等进行了明确（图 4-1），并指出发展循环经济是解决当前发展症结的重要方法。

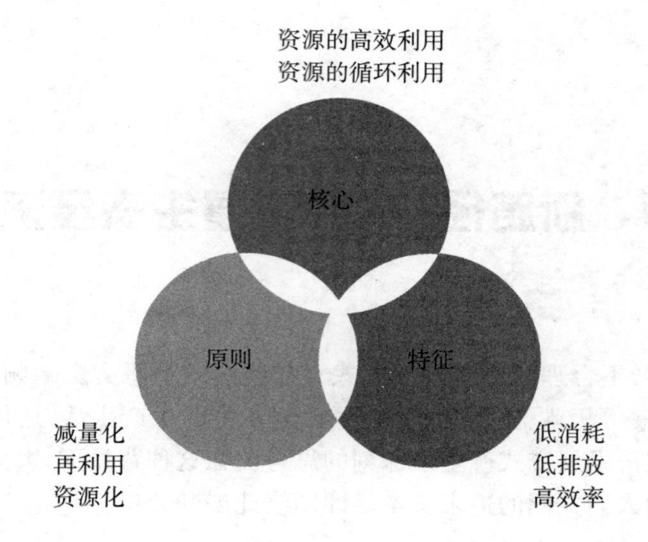

图 4-1　循环经济的核心、原则、特征

从长远来看，循环经济的实现要求遵循生态规律与经济规律，将经济系统也纳入自然生态系统中，使经济活动生态化，从而构建经济与生态相互协调的生态型社会。

(二)循环经济的起源

循环经济是人们在与环境相互影响的过程中摸索出来的产物。从历史发展过程中可以看出人类的经济模式经历了三个阶段。

1. 传统经济模式

传统经济模式在原始社会时期就已存在，一直持续到工业社会早中期。

原始社会时期，人们的生产水平极端低下，在强大的自然面前，人们显得异常渺小，只能依赖自然、服从自然，因此人们对自然的态度是崇拜的，是敬畏的。这一时期，人们与自然界中的其他动物基本一致，仅从自然中获取生活和生产资料，对自然的破坏力很小。

到了农业社会，为了满足自身的生存需要，人们砍伐树木、开辟荒地、治水修路，对自然的影响力越来越大。面对人类在征服自然的过程中取得的成就，人类逐渐变得膨胀，对自然的破坏力也日益增加，由此人类与自然开始走向对立的甚至冲突的道路。

进入16世纪以后，资本主义的发展以及工业革命的爆发，使社会生产力和生产水平有了飞跃式的发展，人们依靠科学技术的力量，走上了大规模征服自然的道路。但随着经济高速增长而来的是环境的不断恶化，环境污染、生态失调、能源短缺、交通紊乱等成为困扰人类的严重问题。人类与自然的关系变得对立，人类征服控制了自然，自然也报复了人类。

分析这一阶段的发展我们可以得出这样一个结论：传统经济模式都是以人类的需要为中心的，人类从自然中获取资源，并向自然界排放废弃物，丝毫不考虑经济对环境造成的冲击与破坏。这一时期的经济特征为高开采、低利用、高排放，运行模式如图4-2所示。

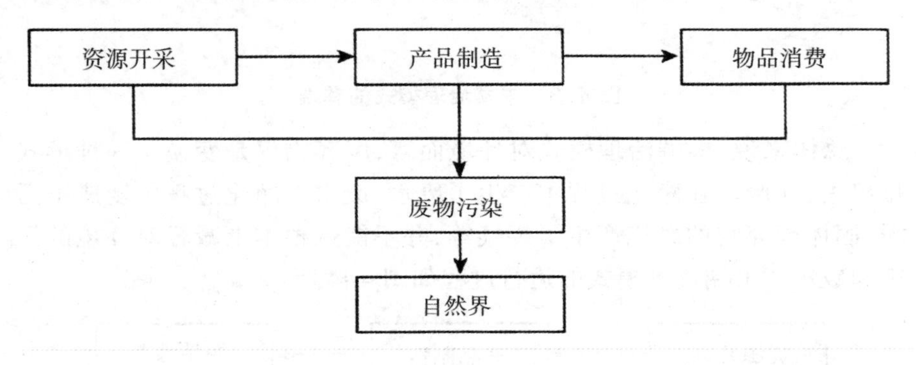

图4-2　传统经济运行模式

2. 末端治理模式

工业社会后期，在经历了一系列环境污染事件之后，人们开始为残酷的现实而警醒，开始反思保护自然环境的重要性，并开始不断研究环境污染治理的技术与设备。

1960年以后，发达国家在经济发展上采用了末端治理的方式来治理环境污染问题。这种模式的基本原理是“先污染，后治理”，在废弃物排放到自然界以后进行一系列的治理，以最大限度地减轻污染物对自然的影响。它主要是依据“污染者付费”的原理展开，治理成本较高。同时，这种模式虽有一定的成效，但无法解决资源短缺乃至资源枯竭的问题。

概括来说，末端治理模式的弊端主要表现在三个方面（图 4-3）。

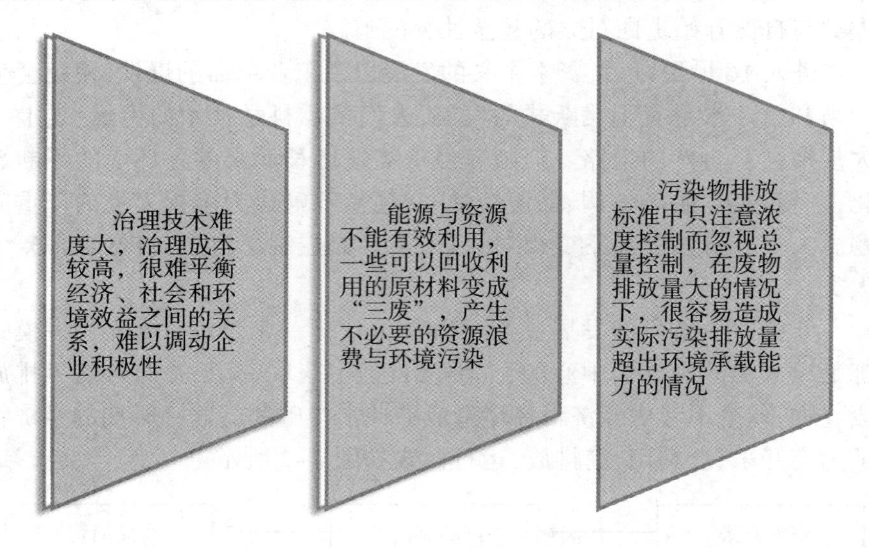

图 4-3　末端治理模式的弊端

总体来说，末端治理模式对环境而言，废弃物仅是变换了一种形式排出去，如废气在净化过程中产生了废水、废水在净化过程中变成了污泥、固体废弃物的燃烧产生了废气等，并不能从根本上减轻对环境的污染和破坏。末端治理模式的运行过程如图 4-4 所示。

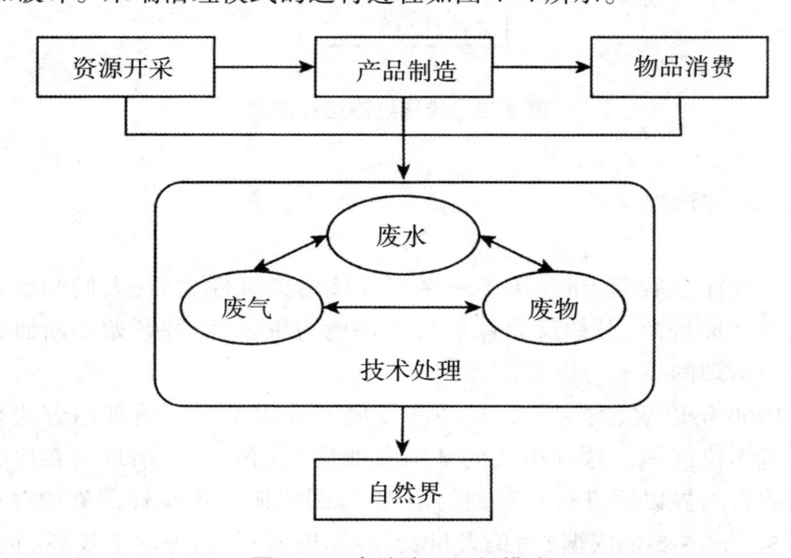

图 4-4　末端治理运行模式

3. 循环经济模式

20 世纪 90 年代以来，越来越多的人开始意识到资源与环境问题的重要性，并发觉这个问题出现的原因主要是工业革命之后人与自然对立的经济模式，因此开始谋求人与自然的协调共荣，追求可持续发展，循环经济就是在这样的背景下产生的。对循环经济的探索经历了一个由超前理念到实践探索的过程（图 4–5）。

20 世纪 70 年代以前	循环经济思想还是一种超前理念，人们更为关注的仍然是污染物产生后如何治理以减少其危害，在环境保护领域普遍采用了末端治理方式
20世纪80年代	在经历了从“排放废物”到“净化废物”再到“利用废物”的过程后，人类开始采用资源化的方式处理废弃物，但对于污染物的产生是否合理、是否应该从生产和消费源头上防止污染产生这些根本性问题，大多数国家仍然缺少战略洞见和政策措施
20世纪90年代	可持续发展战略成为世界潮流，源头预防和全过程治理替代末端治理成为国际社会环境与发展政策的主流，人们在不断探索和总结的基础上，以资源利用最大化和污染排放最小化为主线，逐渐将清洁生产、资源综合利用、生态设计和可持续消费等融为一套系统的循环经济战略

图 4–5 循环经济的发展过程

总体来看，20 世纪 80 年代以前的环境保护运动并未将经济运行机制纳入考虑的范围，关注的仅是经济活动造成的生态后果。到了 20 世纪 90 年代以后，才开始真正从源头——经济生产上考虑环境保护的方式。

在循环经济体系中，物质和能源被多次重复利用，对自然排放的废弃物不超过环境的自净能力。循环经济中的生产提供的仅是功能化的服务，而不是产品；物质的商品可以得到最大限度的利用，而将消费变得最低；物质能够最大限度地满足人们的需要，但不会消耗过多的物质。循环经济的整个运行模式如图 4–6 所示。

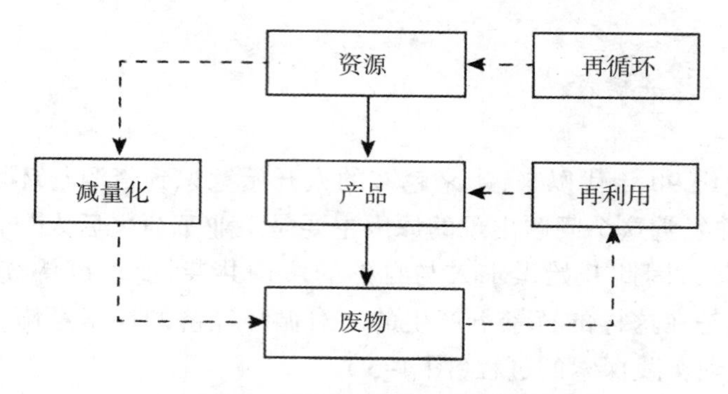

图 4-6　循环经济运行模式

二、发展循环经济的意义

从发展循环经济的实际意义上看，循环经济能够增加经济发展模式，使其变得多样化，从而摆脱对传统经济发展模式的依赖。此外，发展循环经济还可以控制经济发展带来的环境污染，减少经济发展对资源的依赖程度，转变经济增长方式，进而实现可持续发展。从国内循环经济发展取得的成果上可以看出，循环经济与我国经济发展能够较好地融合，它对我国经济发展具有重要意义。

（一）有利于缓解环境资源供给压力

从我国的资源情况来看，我国资源虽然丰富，总量也较大，但人均占有量却不多，同时消耗巨大。这就导致我们需要依赖资源进口来弥补经济发展过程中产生的资源缺口。加快小康社会的建设进程，保持经济的快速增长，不可避免地就会增加资源的消耗。如果继续沿用传统的经济发展模式，会因资源不足而难以为继。发展循环经济是环境资源供给压力的有效方法。

（二）有利于减轻环境污染

当前我国生态环境的总体恶化趋势还没有得到根本性的扭转，环境污染情况比较严重。我国目前实行的还是末端治理模式，这种治理方式虽然缓解一定的环境压力，但难以从根本上解决问题。因此，大力发展循环经济成为必要。

（三）有利于提高经济效益

虽然经过一系列的改革，我国的资源利用率有了很大的提高，但是仍然无法与国际先进水平相比。目前，我国的资源利用水平表现为“四低”（图 4–7）。这是导致我国经济生产成本高、效益差的一个重要原因。

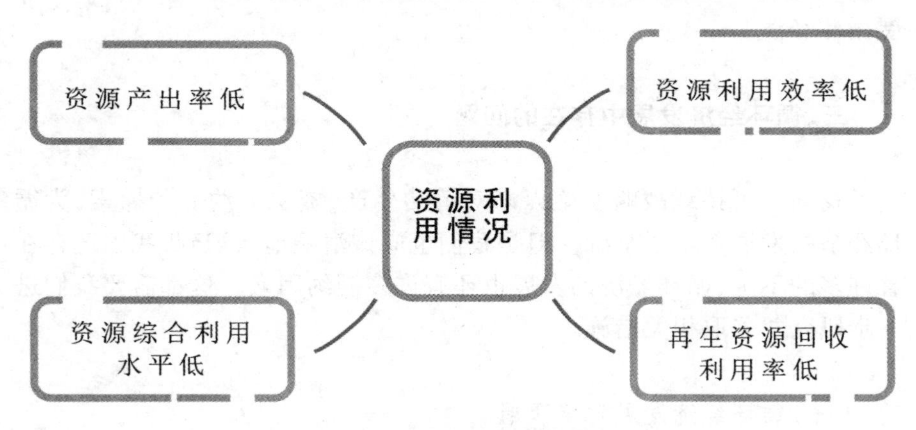

图 4–7　我国资源利用情况

大力发展循环经济，可以有效提高资源利用水平，降低企业的生产成本，增强企业的效益，进而提高企业的竞争力，使之在国际竞争中更具优势。

（四）有利于应对新贸易保护主义

在经济全球化的发展过程中，发达国家为了保护本国的利益，设置了许多贸易壁垒。过去一直是关税壁垒在发挥作用，但后来经过多次谈判，关税壁垒的作用日趋削弱。但是近年来，发达国家设置了许多自己可以达到，而发展中国家还未能达到的技术标准，这不仅包括末端产品的环保要求，还包括产品从设计到使用的各个环节。这些非关税壁垒在很大程度上影响了我国的对外出口贸易。面对日益严峻的非关税壁垒，我们应该提高重视程度，发展清洁生产与循环经济，使我国产品在面对新的贸易保护主义时具有更大的竞争力。

(五)有利于实现以人为本

过去的高消耗经济增长模式虽然带来了可观的经济利益,但伴随而来的还有许多自然灾害和环境问题,这些自然灾害和环境问题严重影响了人类的健康。人是最宝贵的资源,我们要发展就不能忽视人的因素。要做到这一点,就必须协调好经济利益与生态效益之间的关系,大力发展循环经济。

三、循环经济发展中存在的问题

我国自可持续战略实施以来对清洁生产、资源节约等的探索,为循环经济的发展奠定了基础。但是我们也应该清醒地认识到,我国还存在着许多的不足,循环经济的发展也还有许多制约因素。这都需要我们进一步研究并采取相关措施。

(一)循环经济发展意识薄弱

循环经济具有很大的先进性和科学性,但复杂程度也比传统经济模式要高。各类参与主体若是对循环经济的重视程度不够,发展意识薄弱,会严重影响循环经济的发展。在各类参与主体中,政府作为经济的宏观调控者,在循环经济的发展过程中发挥着主导的作用。但可以看到的是,中央政府的重视程度比地方政府要高,地方政府在“政绩观”的影响下,对循环经济的重视程度往往不足。除政府外,企业作为市场的参与主体,对循环经济的重视程度也相对较低,传统生产经营和管理模式十分普遍。

(二)缺少政策引导与支持,企业认识不足

目前,循环经济的发展还存在政策引导与支持不足的问题,许多地方政府对循环经济的发展还停留在“喊口号”阶段,并未制定行之有效的政策。这就使得企业无法对循环经济产生全面的、科学的认识,循环

经济的发展程度也不够理想。在循环经济的发展过程中，政府的宏观调控是必不可少的，很多问题依靠市场与企业自身很难得到解决，还需要政府的宏观调控。政府的宏观调控力度不足，会导致循环经济的发展缺乏明确的方向和目标。

（三）相关技术发展水平不高

作为一种新型的经济形态，循环经济对技术，特别是资源重复利用与循环利用的技术有着高度依赖性。技术对循环经济的发展成效有着最直接的影响。虽然阶段性的经济增长波动属于正常现象，但当出现相关技术水平长期得不到提升的情况，循环经济的深层发展尝试就很难继续进行下去，这对政府和企业来说都不例外。此外，要开发新技术，就会增加支出。这对于目前技术能够满足生产需求的企业来说，就像是额外的支出，因此往往降低他们对新技术的研发热情，进而导致国内循环经济发展困难。

（四）缺乏评价与监督体系

循环经济是对传统经济发展模式的一种冲击和挑战，它的实施需要适当的评价与监督，以便及时进行调整。然而，目前评价与监督体系的缺位却是不争的事实。虽然发展循环经济的政策很早就被提出，中央层面也比较关注，但落实到地方层面，却未能很好地统筹与规划，缺乏相应的评价与监督体系。评价与监督体系的缺位导致地方政府无法获取循环经济发展过程中的各种信息，不利于政府及时发挥宏观调控作用。评价和监督体系的缺位还导致政府无法发现循环经济发展过程中出现的各种问题，这些问题会对循环经济产生负面影响。

四、大力发展循环经济的有效措施

（一）提高对循环经济的重视

发展循环经济需要全面提升对它的重视程度，并营造好循环经济发展的内外环境。这可以从三个方面来努力(图 4-8)。

政府自身	政府对企业	企业自身
政府作为循环经济发展的主导者与直接推动者，其需要结合地方经济发展水平与发展实际，就循环经济发展进行统筹与规制，通过循环经济发展相关制度的确立，让循环经济发展相关事宜能够制度化地确立下来，从而使循环经济发展的相关政府部门和人员对循环经济发展能够有更好的认识。	政府可以通过对循环经济发展相关知识进行宣传，从而使区域内更多企业能够对循环经济发展有更好的认识与重视，较好提升循环经济发展受重视程度后，循环经济发展进程也能更为顺利。	企业作为循环经济发展的参与者，其对循环经济发展的认识程度与重视程度也会对循环经济发展产生直接影响。因此，全面提升循环经济发展就需要提升相关企业，特别是工业制造业企业对循环经济发展的重视程度。

图 4-8　参与主体对循环经济的发展策略

(二)健全循环经济的发展政策

发展循环经济,需要从完善政策体系上入手,这方面应该引起政府足够的重视。对于很多政策优惠和红利无法被一般企业所获得的问题,政府应该加强政策体系的支持力度和服务功能,发挥政策应有的功能。同时,建立健全循环经济体系,根据各地的实际情况进行调整,确保循环经济体系的落实,促进循环经济更好地发展。

(三)加大力度研发与引进循环经济技术

循环经济是一种对技术依赖程度较高的经济发展模式,特别是资源重复和循环利用技术,因此,应着力进行循环经济技术的研发和引进工作。对企业来说,研发新技术意味着加大成本,这对许多企业特别是中小企业来说都是力所不及的。在这一背景下,政府应该参与到技术的研发和引进中来,从而降低循环经济技术开发的难度。

（四）重视循环经济发展评价与监督体系

确立评价与监督体系对于发展循环经济具有非常重要的作用，它可以保证循环经济的发展速度与质量。因此，在当前形势下，我们应该做好评价与监督工作，以响应循环经济发展的迫切需求。（图 4–9）

评价方面

建议地方政府在循环经济发展中进行阶段性发展目标的确立，通过污染物排放的控制等多个角度，对循环经济实际发展状况进行评价。

每季度对循环经济发展状况进行评价并形成评估报告后，政府可以依托循环经济发展的阶段性状况，较好进行循环经济发展的下一步工作部署。

监督方面

在循环经济发展的监督上，政府不仅要对循环经济发展相关政策与措施的执行和落实情况进行监督，同时要对于各种有悖于循环经济发展的企业进行监督，通过监督与整改，对于各种阻碍循环经济发展的因素和问题予以较好解决。

图 4–9　循环经济发展评价与监督体系的构建

第二节　切实践行低碳经济

一、低碳经济概述

（一）低碳经济的基本概念

低碳经济是在可持续发展理念下提出的，它借助先进的技术与新能源，通过产业结构转型与升级，达到减少能源消耗、降低温室气体排放的目的。低碳经济突破了传统经济发展模式的弊端，融合了新的技术和创新机制，力图实现可持续发展。

从字面来理解，所谓的“低”，是针对当前的高碳能源生产消费体系而言的。当前经济发展的主要能源是化石燃料，它在燃烧过程中会产生大量的温室气体，使全球气候产生变化。要改变这种现状，就要开发新型能源，减少温室气体排放。

碳包括两个层面的含义。狭义层面的碳是指化石能源燃烧产生的二氧化碳。广义的碳还包括了其他温室气体。根据《京都议定书》，温室气体共有六种。（图 4-10）

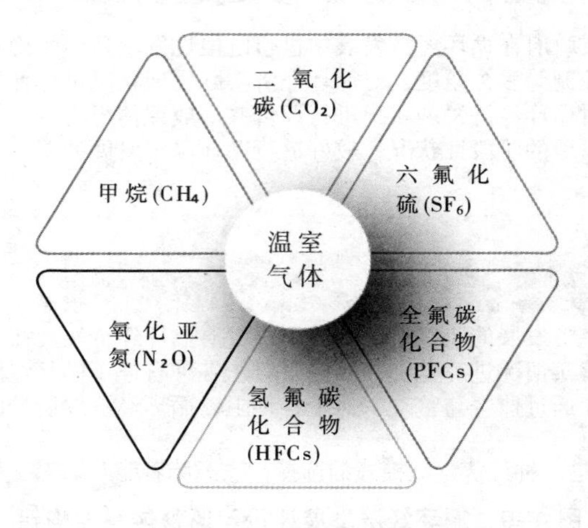

图 4-10　六种温室气体

低碳经济是人们在经历了全球气候变暖之后，渴望实现社会可持续发展情况提出的一种发展设想。它要求最大限度地减少甚至是停止对碳基燃料的依赖，开发利用新的能源，实现能源的利用转型与经济的发展转型。这种理念涵盖了国民经济和社会发展的各个方面，具有广泛的社会性。

低碳经济最早出现在英国的《能源白皮书》中。《能源白皮书》为低碳模式制定了详细的发展目标与路线，但没有提出明确的概念与可供参考的指标体系。低碳经济发展的最终目标是高能效、低能耗和低排放。

（二）对低碳经济不同角度的理解

自从提出低碳经济之后，许多学者都对其进行了研究，并提出了自己的见解。根据他们研究角度的不同，我们可以进行不同角度的理解。大致来说，有以下三类：

第一类，从理念转变的角度来展开研究。低碳经济是对现有经济模式进行反思过后提出的一种新型经济模式。它是人们对能耗、污染、排放等方面形成的新思考，涉及的范围十分广泛，既包括生产生活方式，也包括价值观念和国家利益（图 4-11）。

鲍健强

碳排放量成为衡量人类经济发展方式的新标识，碳减排的国际履约协议孕育了低碳经济，表面上看低碳经济是为减少温室气体排放所做努力的结果，但实质上，低碳经济是经济发展方式、能源消费方式、人类生活方式的一次新变革，它将全方位地改造建立在化石燃料（能源）基础之上的现代工业文明，转向生态经济和生态文明。

张世秋

发展低碳经济是一种经济发展模式的选择，它意味着能源结构的调整、产业结构的调整以及技术的革新。

中国环境与发展国际合作委员会

将“低碳经济”界定为“一个新的经济、技术和社会体系，与传统经济体系相比在生产和消费中能够节省能源，减少温室气体排放，同时还能保持经济和社会发展的势头”。

图 4-11　从理念转变来理解的低碳经济观点

第二类，从经济发展的角度来进行研究。低碳经济是在发展经济学理论框架上提出的一种全新经济形态，它对经济发展的模式、生态环境需要付出的代价、社会可能消耗的经济成本等都进行了构思和设想，最终目标是改变地球生态系统的自我调节能力，实现可持续发展（图 4-12）。

鲁宾斯德

“低碳经济是指在市场机制的基础上，通过制度框架和政策措施的制定，推动提高能效技术、节能减排技术、可再生能源技术的开发和运用，从而实现低污染、低消耗、低排放和高效能、高效率、高效益的绿色经济模式”。低碳经济是通过较少的自然资源消耗获得较多的经济产出。它是这样一种经济发展模式——可以使生活标准更高和生活质量更好，同时促进人类经济社会可持续发展。

付允

低碳经济是一种绿色经济发展模式，它是以低能耗、低污染、低排放和高效能、高效率、高效益（三低三高）为基础，以低碳发展为发展方向，以节能减排为发展方式，以碳中和技术为发展方法的绿色经济发展模式。

金乐琴

低碳经济是一种新的经济发展模式，它与可持续发展理念和资源节约型、环境友好型社会的要求是一致的，与当前大力推行的节能减排和循环经济也有密切联系。

刘思华

低碳经济是生态文明时代的一种经济模式，或者是一种经济发展方式，“高碳、高熵、高代价”的工业文明已经走到了尽头，全社会发展要转变为“低碳、低熵、低代价”的生态文明，而发展低碳经济是建设新型工业文明以及生态文明的最佳结合点。发展低碳经济要从推进绿色产业、构建绿色能源结构、培育创新型经济的市场经济体制上着手。

图 4-12　从经济发展的角度来理解的低碳经济观点

第三类，从全球气候变化的角度来进行研究。推行低碳经济，可以使温室气体排放得到一定的控制，从而避免全球气候发生灾难性的变化，进而实现可持续发展（图 4-13）。

（三）低碳经济与循环经济、绿色经济、生态经济

这四种经济模式是因生态环境不断恶化等问题而出现的新的经济思想。它们之间既有共通之处，又有相互区别之处。

陈佳贵

保护气候已经刻不容缓，我们所面临的问题不存在是否应当，而在于谁和如何采取行动。实现低碳经济要求人类行为方式上的转变，以避免奢侈浪费的碳排放。

张坤民

采用低碳经济的战略应对气候变化，如果能在中国付诸实施，许多环境与发展问题都可能迎刃而解。

图 4-13　从全球气候变化的角度来理解的低碳经济观点

1. 相同点

低碳经济、循环经济、绿色经济、生态经济在以下几个方面表现出共通性。

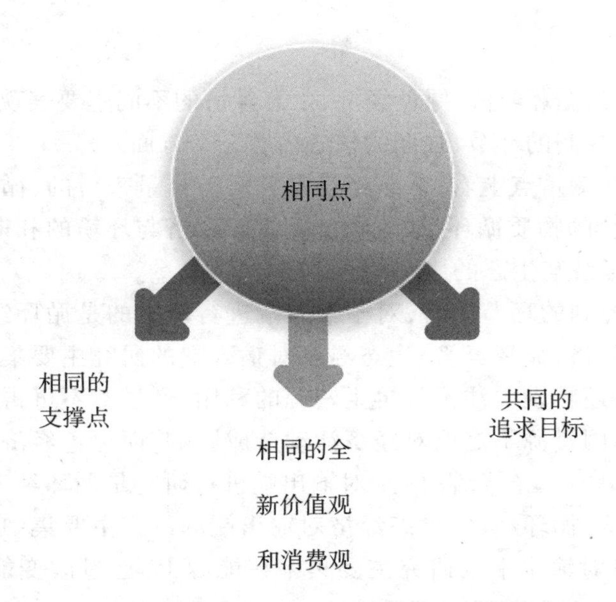

图 4-14　低碳经济、循环经济、绿色经济、生态经济的相同点

从支撑点来看，这四种经济模式都有两个支撑点，即绿色科技和生

态经济伦理，它们的出发点都是人与自然和谐共生和可持续发展。绿色科技受生态方面的意识、伦理、价值等的约束和支配，以追求人与自然和谐共生为目标。绿色科技越发展，人与自然之间的关系越协调。生态经济伦理是以可持续发展为核心的一种经济伦理观，它的重点在于追求生态环境的平衡与和谐。

从全新价值观上来看，这四种经济模式都把自然资源当作可利用的资源，经济的发展是在维持良好循环的生态系统的基础上开发自然、改造自然，维护和修复生态环境，追求人与自然和谐相处，促进人的全面发展。除此之外，这四种经济模式还提倡全新的消费观——绿色消费观[①]，反对浪费和奢侈消费。

从目标上来看，这四种经济模式都是在能源危机和环境危机产生之后催生的，都是为了实现人类与自然可持续发展而提出的。人类是自然界的一部分，人类的生产和消费都应该将自己置身在自然环境中来考虑，这样才更符合客观规律。同时，人类的生产和消费还应该充分考虑自然生态系统的承载力，从而节约自然资源，提高自然资源的利用率。

2. 不同点

低碳经济、循环经济、绿色经济、生态经济的不同主要表现在研究的侧重点、实施控制的环节、强调的核心内容三个方面。

从研究的侧重点上看，低碳经济是针对碳排量来讲的，循环经济侧重于整个社会的物质循环，绿色经济侧重于经济与环境的和谐，生态经济则侧重于经济与生态的协调（图 4–15）。

从实施控制的环节上看，对于输入端进行研究的是循环经济、生态经济和绿色经济，循环经济、生态经济对输入端的研究主要集中在资源上，循环经济还特别关注不可再生资源的利用，通过对不可再生资源进行研究，避免因资源不足而对经济活动造成影响，而绿色经济对输入端的研究主要集中在经济活动上；对输出端进行研究是循环经济、生态经济与低碳经济，循环经济、生态经济对输出端的研究主要集中在废弃物上，低碳经济对输出端的研究主要集中在能源上，通过改变能源消耗，减少碳排放量，进而保护生态环境。

① 绿色消费是一种与自然环境和谐共处的可持续消费方式，它提倡节约型的低消耗物质资料、产品、劳务，注重保健和环保。

低碳经济

主要针对能源领域和应对全球气候变暖问题，重点是从建立低碳经济结构、减少碳能源消费入手，进而建立起全社会减少温室气体排放，使其在较高的经济发展水平上，让碳排放量达到比较低的经济形态。

循环经济

侧重于整个社会的物质循环，强调在经济活动中如何利用“3R”原则以实现资源节约和环境保护，提倡在生产、流通、消费全过程的资源节约和充分利用。

绿色经济

以经济与环境的和谐为目标，突出将环保技术、清洁生产工艺等众多有益于环境的技术转化为生产力，并通过有益于环境或与环境无对抗的经济行为，突出以科技进步为手段实现绿色生产、绿色流通、绿色分配，实现经济的可持续增长。

生态经济

吸收了生态学的相关理论，核心是经济与生态的协调，注重经济系统与生态系统的有机结合，以太阳能或氢能为基础，要求产品生产消费和废气的全过程密闭循环。

图 4-15 低碳经济、循环经济、绿色经济、生态经济的研究侧重点

从强调的核心来看，生态经济主要强调的是可持续发展，包括经济的可持续发展与自然系统的可持续发展两个方面。循环经济强调的是物质的循环，通过利用物质的循环来提高资源的利用效率，促进经济发展，保护生态环境。绿色经济是将以人为本为出发点的，通过保障人与自然、环境的和谐共存，促进经济、环境的协同发展，实现社会系统的公平运行，提高人们的生活福利水平。低碳经济主要以减轻能耗、污染为主要切入点，通过能源技术创新、制度创新和消费观念创新，推动经济发展的模式转型。

3. 联系

尽管这四种经济思想各有各的侧重点、实施手段、核心内容，但从整体上来说，它们都是经济活动的生态化，追求的是可持续发展。从根本上来说，这四种经济思想是一脉相承的。在这四种经济思想中，低碳经济是主线，它是实现其他经济思想的纲。绿色经济和生态经济的地位要稍逊于低碳经济。循环经济则是实现其他三种经济数学的具体方式。如果用画龙点睛这个成语来形容四者的关系，可以这样表示（图 4–16）。

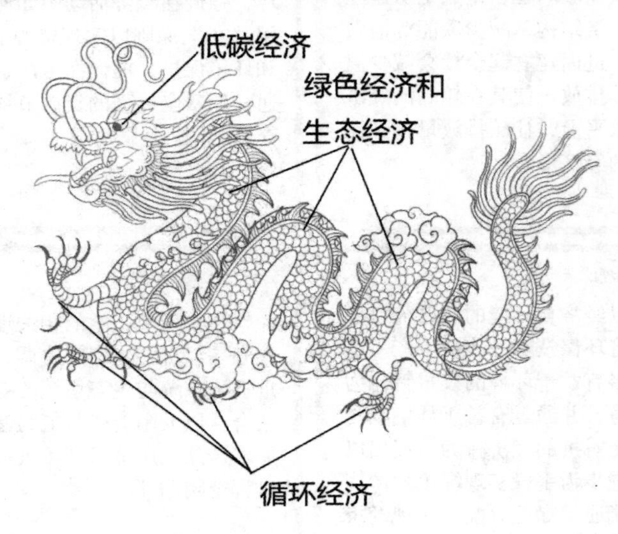

图 4–16　低碳经济、循环经济、绿色经济、生态经济的联系

（四）低碳经济的基本特征

低碳经济的特征可以简单地概括为“三低”，即能耗低、排放低、污染低。

1. 能耗低

相对来说，传统经济形式以高能耗、高碳消费为特征，而低碳经济则要求降低对能源的消耗，降低对碳的消费。根据能源消耗与碳排放的计算，它可以被量化，因此具有很强的可行性。

2. 低排放

传统经济是以化石为主要能源的，化石能源具有很高的碳排放量。发展化石能源的经济，也就意味着会有较高的碳排放量。低碳经济要想实现低排放，应该实现经济发展与碳排放相互分离，错位增长，即经济得到了发展，但碳排放处于低增长、零增长或者负增长的情况。这就需要我们开发新能源，研发新技术，从而降低碳强度（图 4-17）。[①]

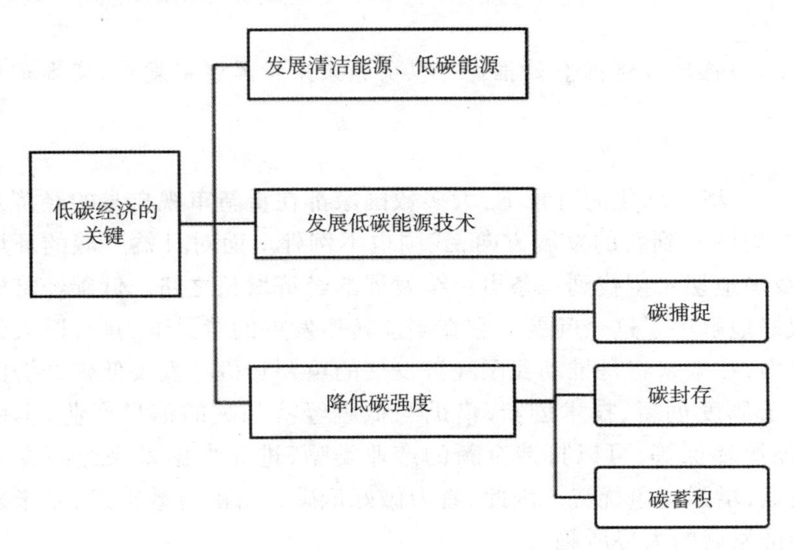

图 4-17　低碳经济发展的关键

3. 低污染

低碳经济是相对于人为碳通量[②]而言的，人为碳通量的增加会引发全球生物圈的失衡。要解决这个问题，就应该探索和发展低碳经济。低碳经济发展的基础和关键是低碳能源与清洁生产。低碳能源与清洁生产能够解决减少化石能源的碳排放与污染，实现低碳生存。

---

① 单位能源消费量的碳排放量。
② 碳通量（Carbon flux）是碳循环研究中一个最基本的概念，表述生态系统通过某一生态断面的碳元素的总量。

二、发展低碳经济的必要性

(一)低碳经济的有效推进可以引领未来世界经济发展,实现可持续发展

在经济全球化的背景下,大多数国家都在重新审视自身的经济发展模式,力图找到新的发展方向,我国也不例外。面对日益严峻的环境问题,我国迫切希望找到一条可持续发展的经济增长之路。低碳经济的出现很好地解决了这个问题。它在当前转型发展的背景下,具有巨大的发展潜力,在未来将是推动我国经济发展的重要契机。发展低碳经济的重点在于制度创新、技术创新,借助与低碳经济相关的信息产业、生命科学、能源环保等,可以打造全新的产业类型,进而占据未来经济发展的制高点,增强竞争优势。因此,着力做好低碳经济的有效推进,是未来世界经济发展的大势所趋。

(二)低碳技术的研究、开发和推广进一步有效推动新型低碳产业实现高质量发展

低碳经济是一种全新的经济发展模式,它对人们生活方式和生产方式具有重要的影响。低碳经济发展的核心内容是开发新能源,利用新技术,开发新产品,降低生产成本,进而促进产业结构的转型和升级。为了发展低碳经济,我国对太阳能、风能、生物质能源等加大了研究和开发力度,并使其得到了广泛的应用。这对于生产结构的不断优化和完善,经济结构向着低能耗、低排放、低污染的方向发展具有积极的作用。由此可见,低碳经济中技术的研究、开发和推广能够有效推动新兴产业的发展,进而实现集约化、可持续化的发展。

(三)国家间、区域间的贸易与碳博弈对世界格局重塑有巨大改变

在低碳经济进一步发展的过程中,以低碳为代表的新技术、新标准、新专利会进一步改变国际贸易的格局。优先掌握低碳技术的国家会成

为国际贸易中的主导者，而其他国家则会遭遇贸易壁垒。特别是针对发展中国家而言，环保壁垒将成为阻碍其对外贸易的重要因素，因此要重点关注低碳技术的发展问题。

三、我国低碳经济面临的主要问题

第一，从政策法规上来看，我国有关低碳经济的政策法规还不够健全，这就导致在具体的节能减排过程中缺乏政策法规的指导和规范。此外，虽然我国各个地方已经结合自身的实际情况出台了一系列政策法规，但在具体的执行上还不够细化，也缺乏力度。在普法过程中也存在许多问题，没能做到有法皆知、有法可依、违法必究。低碳经济要想获得进一步的成效，必须有相关的政策法规来保障，这样才能体现出更好的发展效果。

第二，从融资机制上看，目前我国的融资机制严重缺失，构成我国低碳经济发展的一大障碍。我国的碳金融还处于刚刚起步阶段，主导力量是政府，缺乏市场的参与。这样的融资机制对于投资融资、银行贷款、碳指标交易、碳期权期货等是十分不利的，它会进一步阻碍低碳经济的发展。

第三，从产业结构上看，我国目前的产业结构并不适应低碳经济的内在发展，因此迫切需要转型和升级。以重工业和重化工产业为例，传统重工业和重化工产业还没有融入高新技术和环保理念，产业创新发展受限。这就在很大程度上影响了我国经济发展的创新，也无法充分适应低碳经济发展的节奏与步伐。

第四，从技术上看，支撑低碳经济发展的新能源技术还没能取得较大的突破，新能源技术的研发与应用还有待提升。

四、我国低碳经济的发展策略

（一）进一步加大创新力度，使技术难关得到有效攻克

低碳技术的发展要着重做好技术开发、应用和普及工作，确保低碳经济发展的各个环节都有相应的技术支撑。从具体的操作上看，我国的

低碳技术在能源保存、技术输送、基础设施建设等方面还存在一定的问题，政府要加大技术的引入力度以及开发力度，攻克相应的技术难关，并增强引进技术的消化能力以及自主创新能力，使共性技术难题得到有效的突破，进而掌握低碳经济发展的主动权。

（二）针对融资机制进行不断的完善和优化，创新制度体系

当前我国有关低碳经济的政策法规与规章制度虽然已经有了一定的基础，但仍需进行不断的优化和创新，为低碳经济的发展进一步提供政策支持。针对融资机制应进行改革，构建专项的低碳基因，并扩大资金渠道，将私人资本、国际资本等引进来，打破传统生产模式和融资思维的限制，打造有利于低碳经济发展的市场环境。

（三）从根本上做好科学合理的规划，有效地推行激励措施

在我国低碳经济的发展过程中，要从根本上做好科学合理的规划，体现出低碳技术标准的作用和效果，规范准入门槛，为相关技术的研发和使用提供资金支持，鼓励企业实现低碳发展，并推动低碳经济和新兴产业的发展。同时，还要加强政府的引导和激励，促进低碳经济的发展。

（四）有效加强国际合作，促进共同发展

气候变化和低碳经济是全球都在关注的问题，需要世界范围内的各国和相关地区共同推进。在这个过程中，各国和地区可以利用行政和政策手段进行融合发展与有效合作，能够打造完善的经济体系，进而实现低碳经济的可持续发展。

第三节　优化调整产业结构

一、当今世界产业发展的主要趋势

进入 21 世纪以来，世界产业的发展出现了一些新的趋势，这些新趋势主要表现为以下四个方面：

（一）服务化趋势日渐增强

目前，在世界的产业结构中，服务业在世界经济总量、世界贸易总量、跨国投资中的比重不断上升，国际服务贸易的发展势头十分强劲，经济的服务化趋势也越来越明显。国际产业的重点逐渐从制造业领域转向了服务业领域。

世界产业结构服务化趋势出现的原因主要有两个方面：一个是需求的提升，另一个是技术的推动。

从需求角度来看，随着世界经济的发展，人们的生活水平和消费水平有了明显提高，这就导致人们对服务业的需求开始提升，这是促进世界产业结构服务化迅速发展的根本原因。另外，经济的发展也提高了生产环节对服务业的需求。服务业在农业和制造业中的广泛应用使得它成为提升附加和科技含量的重要组成部分，因此，很多企业将服务业单独剥离出来，成为单独的行业。

从技术角度来看，世界科学技术的发展也是推动世界产业经济结构服务化发展的重要力量。每一次科学技术的发展都推动相关产业的发展。现代服务业是建立在信息化技术基础上的，它是第三次产业革命发展的结果（图 4-18）。

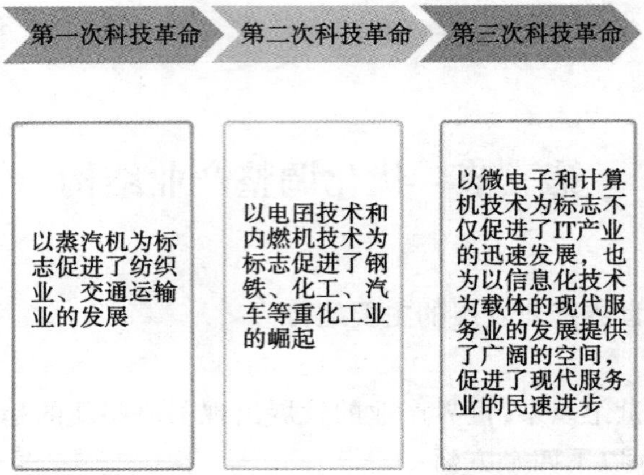

第一次科技革命
第二次科技革命
第三次科技革命
以蒸汽机为标志促进了纺织业、交通运输业的发展
以电团技术和内燃机技术为标志促进了钢铁、化工、汽车等重化工业的崛起
以微电子和计算机技术为标志不仅促进了IT产业的迅速发展，也为以信息化技术为载体的现代服务业的发展提供了广阔的空间，促进了现代服务业的民速进步

图 4-18　三次科技革命

（二）融合化趋势愈加明显

20 世纪 70 年代以来，受以信息技术为核心的高新技术的影响，一些原有的产业边界开始变得模糊，甚至有了融合的迹象。融合之后形成的新的产业业态成为经济增长最具活力的源泉和动力，也成了产业价值最主要的增长点。这种由融合而形成的产业创新最早发轫于服务业，后来才逐渐向制造业和农业扩展。融合化的趋势对产业发展的影响主要表现在以下几个方面（图 4-19）：

催生新的产品和服务
影响了产业结构的演进历程
模块化组织方式开始盛行
产业融合

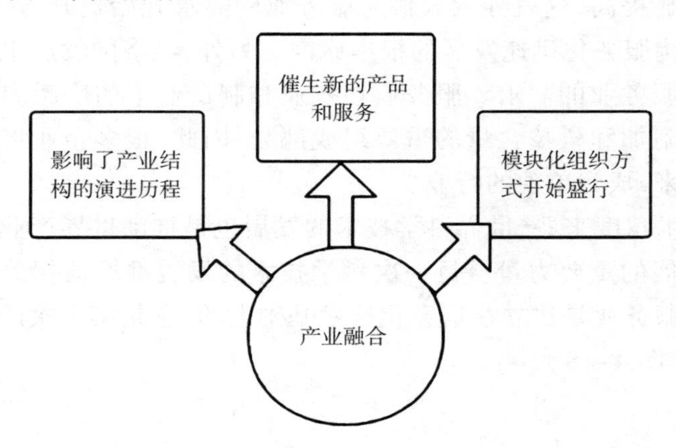

图 4-19　产业融合的影响

（三）生态化趋势更加突出

进入工业社会以后，人类虽然创造出了巨大的财富，但同时也对生存环境造成了难以修复的破坏，使得生态环境不断恶化。环境的恶化与能源的短缺反过来又威胁了人类的生存与发展。如何在发展的同时减少对环境的危害以及对资源的巨大消耗，成为人们迫切需要解决的一个难题。正是基于这样的考虑，产业的生态化趋势开始得到人们的关注。

产业生态的概念最早是由美国学者艾尔斯（R. U. Ayres）提出的，他先是于1969年提出了“产业代谢”的概念，然后又于三年后提出了“产业生态”的概念。不过，产业生态的概念为大众所知还是要到1989年。当时Frosch与Gallopoulos在《可持续工业发展战略》一文中提出了“产业生态学”的概念，该文章发表在《科学美国人》杂志上。截至目前，距离“产业生态”一词的提出已经过去五十多年，但仍没有一个专门的明确定义。针对产业生态，不同学者都提出了自己独特的见解（图4-20）。

由上述不同学者的观点可以看出，产业生态化的概念还没有得到明确的统一，但其核心内涵却是一致的。产业生态化的实现重点在农业和工业两个方面，具体的实现路径有三个（图4-21）。

按照我国《清洁生产法》规定，清洁生产是从源头上控制生产对环境造成的污染，进而达到节能减排的目的。清洁生产的实现依靠先进的工艺技术与设备，改进生产的设计与管理。同时，清洁生产的实现还要依靠清洁的能源和原料。

与传统产业不同，生态产业是以环境的承载能力为依据进行发展的。生态产业的主要目的是减少对环境的破坏以及对能源的消耗，实现产业的生态化。

此外，先进的管理理念、方式、方法也是实现产业生态化的重要途径。产业的生态化虽然受到生产技术和工艺设备的制约，但是管理的理念、方式、方法也会对它造成很大的影响。从不同的管理理念出发，采用不同的管理方式和方法，就会形成不同的实践效果。如传统管理理念将提高生产效率作为出发点，一切都以提高生产效率为主，自然忽视了生产对生态环境的污染与破坏。而若以实现产业的生态化为出发点，更新管理理念与方法，自然也会维护生产与生态环境之间的协调。

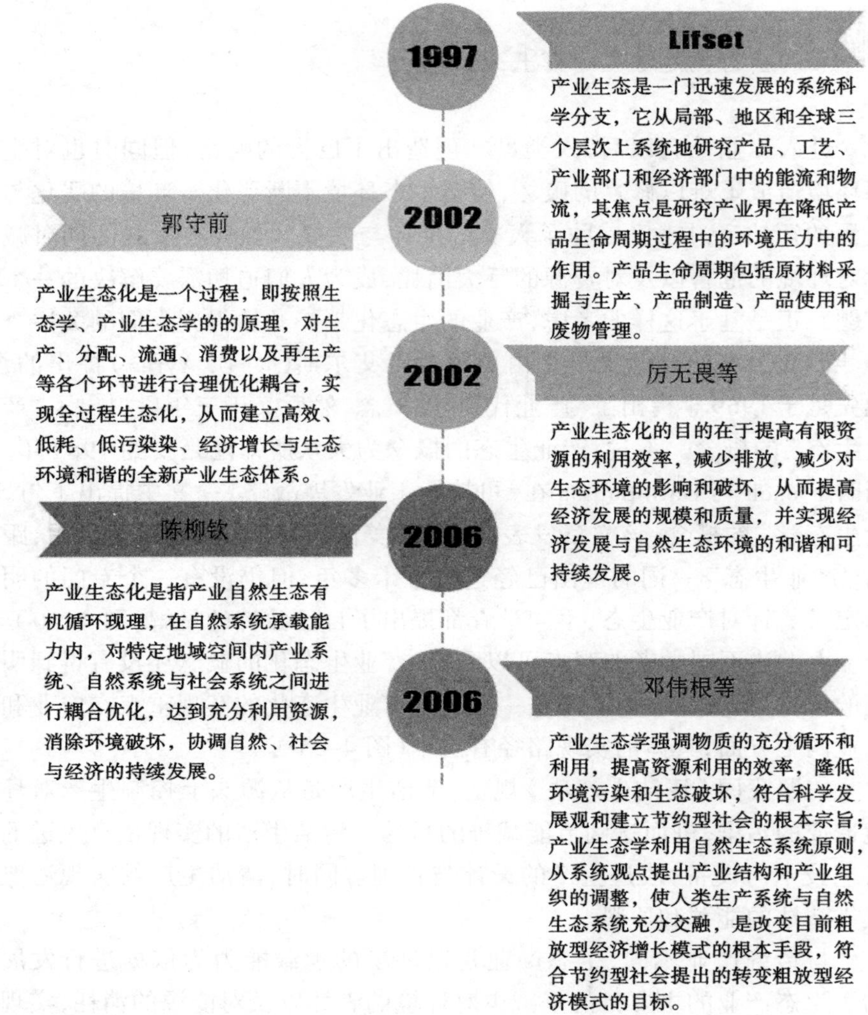

1997 Lifset

产业生态是一门迅速发展的系统科学分支，它从局部、地区和全球三个层次上系统地研究产品、工艺、产业部门和经济部门中的能流和物流，其焦点是研究产业界在降低产品生命周期过程中的环境压力中的作用。产品生命周期包括原材料采掘与生产、产品制造、产品使用和废物管理。

2002 郭守前

产业生态化是一个过程，即按照生态学、产业生态学的的原理，对生产、分配、流通、消费以及再生产等各个环节进行合理优化耦合，实现全过程生态化，从而建立高效、低耗、低污染染、经济增长与生态环境和谐的全新产业生态体系。

2002 厉无畏等

产业生态化的目的在于提高有限资源的利用效率，减少排放，减少对生态环境的影响和破坏，从而提高经济发展的规模和质量，并实现经济发展与自然生态环境的和谐和可持续发展。

2006 陈柳钦

产业生态化是指产业自然生态有机循环现理，在自然系统承载能力内，对特定地域空间内产业系统、自然系统与社会系统之间进行耦合优化，达到充分利用资源，消除环境破坏，协调自然、社会与经济的持续发展。

2006 邓伟根等

产业生态学强调物质的充分循环和利用，提高资源利用的效率，降低环境污染和生态破坏，符合科学发展观和建立节约型社会的根本宗旨；产业生态学利用自然生态系统原则，从系统观点提出产业结构和产业组织的调整，使人类生产系统与自然生态系统充分交融，是改变目前粗放型经济增长模式的根本手段，符合节约型社会提出的转变粗放型经济模式的目标。

图 4-20　产业生态概念的形成

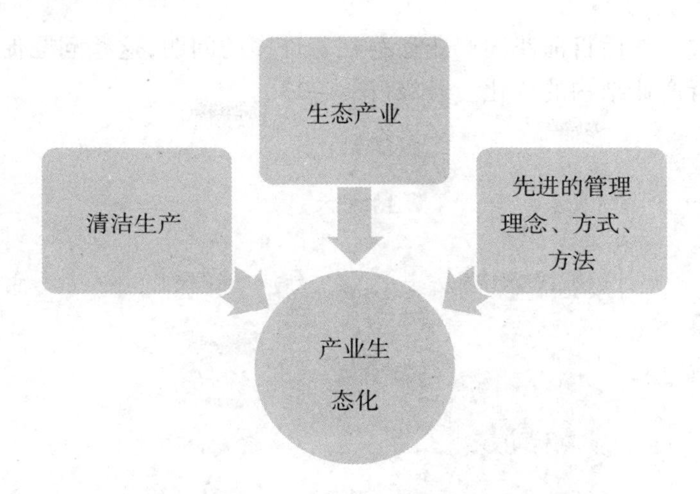

图 4-21　产业生态化的实现路径

（四）高科技化趋势不可逆转

从世界产业的发展进程中看，各生产要素对经济的贡献比例已经发生了很大的改变，逐渐由劳动、土地等要素转变为知识、经济、教育等要素，产业高科技化的趋势逐渐明朗起来。

科技投入的增多刺激了世界高新技术的发展，高新技术的发展一方面使许多新兴产业不断涌现，另一方面又推动了传统产业的改造。新兴产业的出现推动了经济的发展，使产业结构发生了改变，整个产业结构朝着高科技化的方向发展。传统产业在为高新技术产业提供生产要素（如材料、工艺、基础器件和设备等）的同时，又受到了高新技术产业的辐射和改造。高新技术对传统产业的改造主要体现在提高传统产业的生产效率与生产水平上，为传统产业开辟新的市场（图 4-22）。

二、产业结构优化升级的因素分析

产业结构是各种生产要素在不同产业部门之间的调整与分配。产业结构的调整和优化为我国经济发展带来了重要的推动力，也是应生态文明建设的需要而提出的。通过促进各产业部门之间的优化升级，调整各生产要素在不同部门之间的分配比例，可以构建具有可持续性的产业发展模式。然而目前我国产业还存在着许多的问题,这些问题促使我们迫切进行产业结构的优化与升级(图 4-23)。

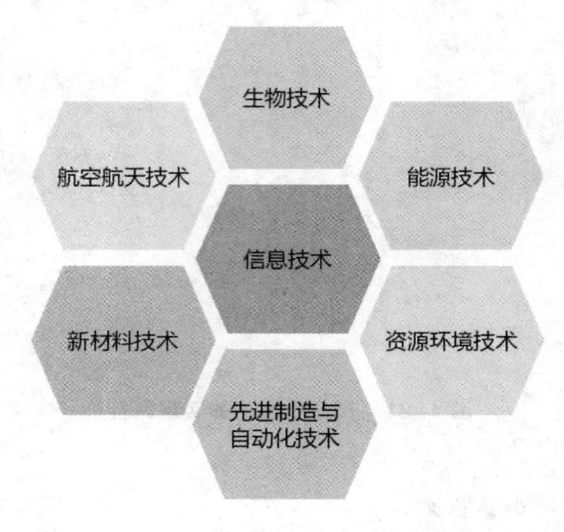

图 4-22 新兴产业

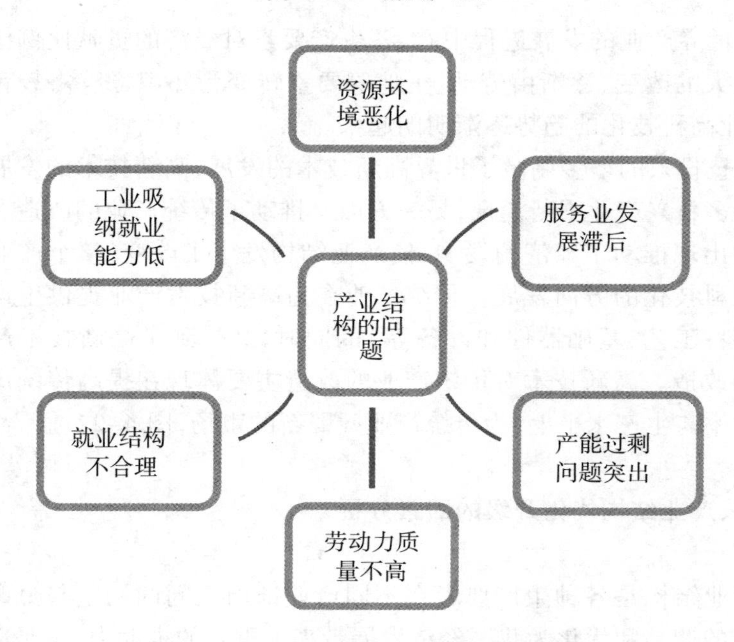

图 4-23 产业结构的问题

从深层来看,影响我国产业结构升级的因素主要有科学技术、发展理念、政策以及来自国际方面的各种因素。

(一)科学技术因素

科学技术是推动经济发展的第一生产力,也是推动经济发展的革命性力量。它不但使产业结构由劳动密集型向技术密集型和资本密集型转变,催生了许多新兴产业,完善了社会分工,还借助提高劳动生产率,改造了传统产业。近代以后世界经济的发展更是印证了科学技术对产业结构升级的重要作用。

以美国为例,美国在20世纪后半叶陷入了经济低迷的境地,于是开始大力推广发展高新技术产业。20世纪90年代以后,美国的高新技术产业几乎占据了全球高新技术产业一半的比例,生产率的增长一半以上也归于高新技术产业的推动,这些技术产业更是贡献了美国将近三分之一的GDP,科学技术成了推动美国经济发展的重要动力。除了新兴技术产业之外,科学技术对美国的传统产业也产生了重要的影响。美国的钢铁、制造等传统产业在高新技术的改造之下焕发了新的生命力。

然而,就我国来说,我国虽然不断引进国外先进的科学技术,并积极推动自主创新,但与发达国家相比,发展程度还不够。突出表现在缺乏高精尖的科学技术、科学创新成果的产业化水平与转化率不高、技术依存度高、科技资源布局不平衡等,这些方面都直接或间接影响了我国产业结构的优化和调整。

(二)发展理念因素

发展理念是关于发展的目的、原则、方式、规律各个问题的综合体现。它的科学与否决定了经济发展能否实现可持续发展,产业结构能否实现良性优化。科学的发展理念是实现产业结构优化与经济可持续发展的重要保证。因此,我们一定要尊重客观规律,采用科学合理的发展理念(图4-24)。

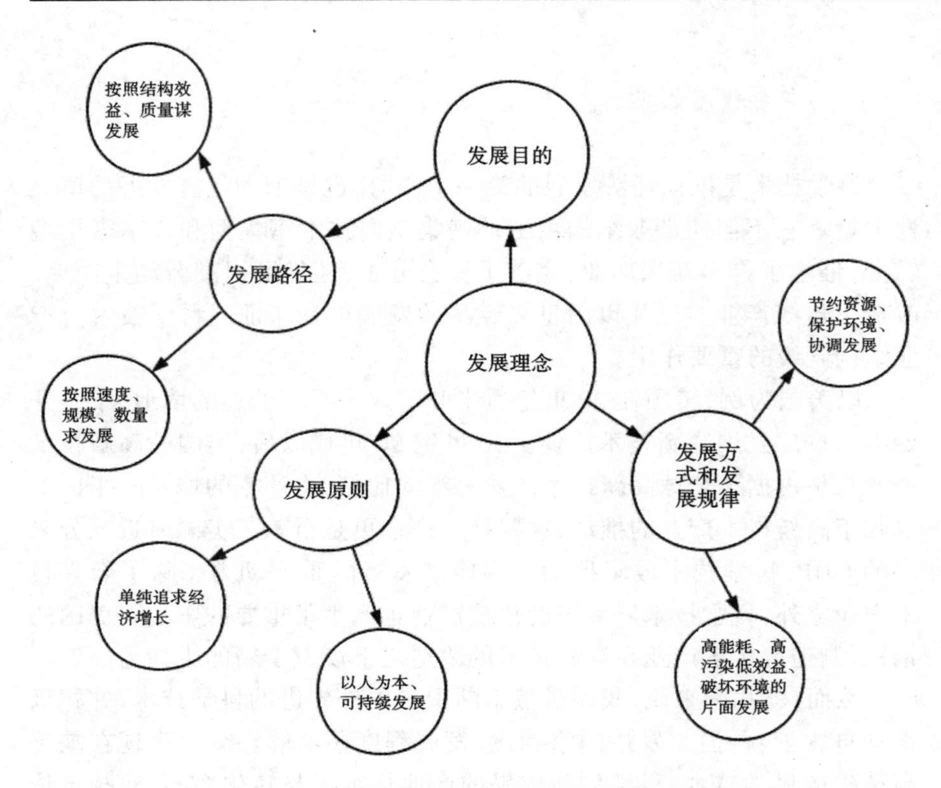

图 4-24　对发展理念因素的理解

近年来,我国的发展理念不断地发生变化,从中可以折射出我国的经济发展历程。“八五”期间,我国的经济发展力在解决人们的温饱问题,因此确定了以经济建设为中心的理念,提出了“发展是硬道理”。这种发展理念在提高经济发展水平的同时,也对生态环境造成了一定的危害,与生态环境之间的矛盾制约了经济的进一步发展。于是在“九五”期间,提出了可持续发展的理念。然而,我国是一个人口大国,人口众多但人均资源与能源占有率却较低,不同地区之间差距较大。这就使可持续发展不能忽视人的因素,应以人为本,于是又催生了以人为本的科学发展观。党的十八大以后,产业结构问题、环境问题、资源问题使得推进绿色发展、建设美丽中国成为人们的普遍要求,于是提出了生态文明的发展理念,要求守住绿水青山。党的二十大更是再次强调了绿色发展的理念。历次发展理念的转变,决定了我国经济发展的方向、路径。由此可见,发展理念是推动产业结构调整的因素。

（三）政策因素

政策因素是保证产业结构调整与优化的重要因素，它可以引导产业结构调整的方向，这里说的政策主要包括以下五个方面：

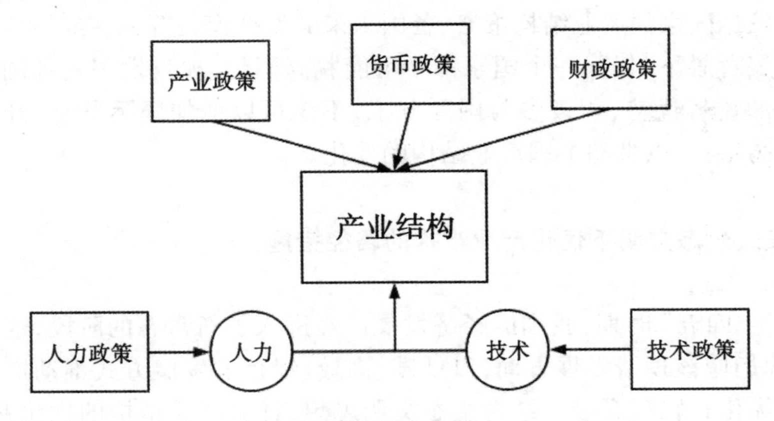

图 4-25　政策因素的表现

由图 4-25 可以看出，在各种政策因素中，产业政策、财政政策、货币政策都是直接对产业结构的调整发挥作用的，而人力政策、技术政策等则需要经由人力、技术因素等间接产生影响。

政策因素在经过漫长的发展以后，优势会变得更加明显，这从发达国家的发展历程中就可以得到验证。

仍以美国为例，美国经济 20 世纪末期的良好发展态势与当时的产业政策是分不开的。它为产业结构的调整创造了良好的经济技术环境。从经济政策上看，美国着力完善市场机制，利用财政政策与货币政策干预经济活动。从技术政策上看，美国推行了促进产业技术进步的国家技术。就我国来看，改革开放以来市场经济的发展也推动了我国以市场为导向的产业结构调整。但综观我国的产业结构，还存在着许多的不足与问题。例如，虽然是在市场经济的推动下进行的，但市场却没有发挥它应有的作用；从政策上看，过于以 GDP 为中心，重视增长速度与数量，却忽视了质量与结构，对投资的重视程度也超过了对消费的重视程度。这些问题阻碍了我国产业结构的进一步优化。要解决这些问题，还需要进行适当的政策引导，为产业结构调整提供良好的环境。

（四）国际因素

产业结构的优化和调整还受到来自国际方面的因素的影响。从宏观层面来说，包括国际分工、国际市场、国际金融等，从微观层面来说，包括发达国家的产业结构策略、各国未来的发展模式等。在经济全球化的发展背景下，任何一个国家都不可能脱离国际，独自发展。各国发挥各自的比较优势，积极参与国际分工，不仅可以增加国际贸易、开拓国外市场，还可以带动本国产业结构的变化。

三、生态文明下优化产业结构的路径措施

“十四五”时期，我国的经济发展已经进入了新常态的阶段，这一阶段，我们应该理清发展方向，以低碳、高效、绿色的发展方式推动产业结构的优化和转型升级。结合生态文明思想，针对产业结构的优化路径，我们提出以下的探索方向：

（一）转变政府职能，完善市场环境

产业结构的优化和调整既离不开市场资源的配置，也离不开政府的宏观调控。政府的宏观调控可以为市场建立一个公平公正的环境，维护市场的良好运行。然而，目前我国政府在宏观调控中还存在错位、越位、缺位的问题（图 4-26）。

要推动产业结构的优化和调整，针对这些问题，政府转变职能，完善市场环境，并建立以服务与创新为导向的经济体系，具体来说，可以从以下三个方面来努力：

第一，建立以创新为导向的服务机制，推动产业结构向低碳产业转变，实行绿色发展。对于产能过剩的企业，要退出援助机制，对多余员工进行再培训，安排他们进行再就业。对于资源枯竭型地区，应该通过建立援助基金、提供贷款贴息等方式，帮助他们转型。同时，还应该从财政税收上保证产业结构调整所需要的支出，并建立综合性的考核评价体系，推动企业积极转型。

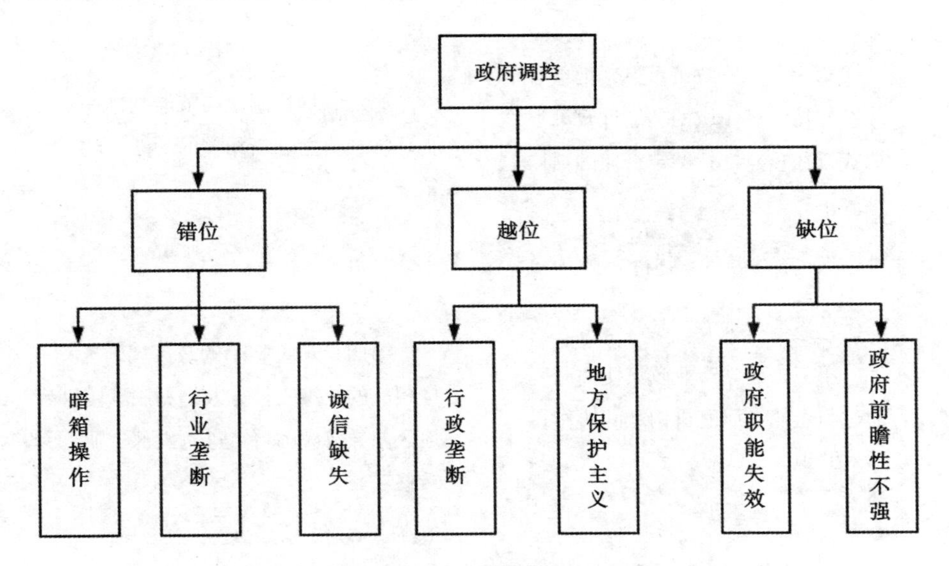

图 4-26　政府调控存在的问题

第二，加强政府的监管职能。不仅要加强对事后企业排污的监管，还要加强对事中企业生产的监管，为企业生产提供一个公平竞争的环境，保证产品的质量与安全以及对环境的保护。同时，还要以服务为导向，减少项目审批程序，采用间接手段而不是直接手段配置资源。对于金融机构的监管，也要以提高其服务能力为导向。

第三，调整政策模式，推动产业结构转型。具体来说，政策模式的转变包括以下几个方面(图 4-27)：

（二）实行创新驱动发展战略，产学研相结合

随着经济的发展，加之科学技术的影响以及我国财政政策的倾斜，我国的创新能力得到了进一步的提高。这突出表现在三个方面：在创新队伍上，科技研发人员数量明显增多，研发队伍的结构与质量有了很大的改善；在投入与产出上，科技投入的产出有了明显增长；在技术的创新上，由外国引入的技术得到了很好的消化，并进行了再创新。总体来说，我国的科技创新处在稳步前进阶段。但具体来说，还面临着许多的问题(图 4-28)。

第一，调整政策重点，把重心放在支持关键领域的功能性政策上，取代以往重点支持特定行业的结构性政策。

第二，加快制定与节能减排保、护环境、自主创新相关的功能性政策。

第三，建立产业政策协商制度，通过与企业、研究机构之间协作，达成共识。

第四，顺应WTO的政策规则选择相应的政策支持方式，利用本国地区差异较大的特点进行内部产业转移。

第五，协调产业政策、区域政策、贸易政策，转变以往以推进出口增长为中心的外贸政策，实行以外贸为主的政策，对于不同发展水平的国家，实行不同的竞争战略。

图 4-27　政府政策模式的转变

总体来说，我国的科技发展水平还不高，无论是自主创新能力、科研体制，还是科研队伍都有待提高。要发展这些，必须要大力发展教育事业，培养创新型的科研人才。具体来说，可以采取以下措施：

第一，从财政上说，加大对科技教育的投入，建立多元化的投入机制与激励机制，带动对科研单位的经费划拨，并对科研工作者予以奖励。同时，以市场为主体，调配人力资源，培养科技型人才，并支持本土科研工作者出国学习，学习外国先进的科学技术。

第二，针对自主创新能力不足的问题，应该建立产业技术联盟，发挥好公共技术平台的优势。产业联盟将研发力量集中起来，共同研发和推广关键技术。公共技术平台在推进基础技术研究方面发挥了重要作用。基础技术的推进可以形成高端技术供给制度，促进科技成果实现转化。在资金和人力资源上，对本土企业进行支持，帮助本土企业开发自主创新的核心品牌。

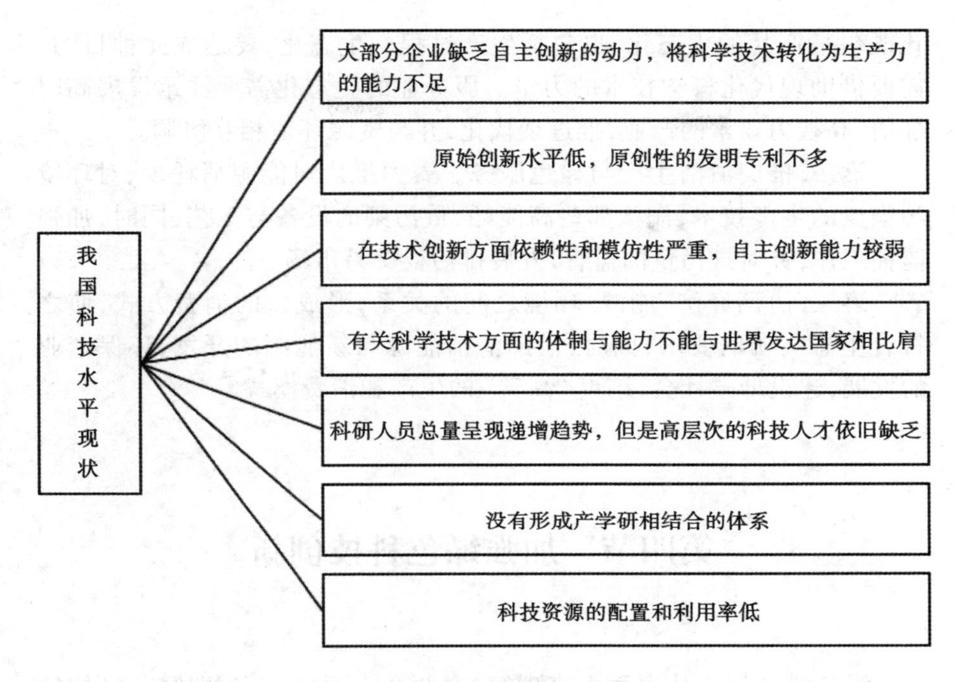

图 4-28　我国科技水平的现状

第三，从大环境上，深化科技体制改革，加强科技创新的立法工作，使科技创新走上法治化的轨道。在人才培养上，发挥好政府、高校、社会科研机构各方的作用，以政府为主导，科研机构与高校相互合作，建设产学研教育平台，促进科研人才培养。

（三）倡导绿色理念，"生态式"发展

在我国，可持续发展受到了严重的威胁。要守住青山绿水，必须要实行产业结构的优化和调整。产业结构的优化和调整是生态文明由理念向经济建设实践拓展的突破口之一。党的二十大以来，我国一直着力从源头上遏制资源浪费和生态环境恶化，以期形成节约资源和保护环境的新格局，为人们提供良好安全的生产生活环境，并为全球的生态安全做出贡献。具体来说，包括三个方面：

第一，倡导产业生态化。它包括农业、工业、服务业三方面的内容。农业的生态化是指农业的生产要尽量减少对资源的消耗、对环境的破坏，形成与环境资源的相互协调，并发挥自身的生态功能。工业的生态化既包括产品的生态化,也包括生产过程的生态化,要达成此种目的,需要借助现代化科学技术的力量。服务业的生态化需要注重发展高附加值、高智力要素的产业,推进现代化,并与资源环境相互协调。

第二,推广清洁生产与绿色服务。着力推广对能源消耗少、对环境污染少的生产技术,淘汰那些高能耗、重污染的设备与工艺,同时,加强监控工作,针对排污量的监管,发展排污权交易市场。

第三,协调经济、能源、环境之间的关系,形成新的消费方式,使之符合生态文明的要求,同时,借助清洁能源与新能源的开发、环保产业的发展,建设低碳社会,结束"高碳"的生产和消费模式。

第四节 加强绿色科技创新

绿色科技创新从字面上来理解,有两个方面的内容,即绿色科技的创新和绿色的科技创新。两者的关系表现在前者是基础,后者是保障。前者侧重于考虑对环境和资源的影响,后者则考虑科技创新的持续性。后者要求将企业的利润、创新人员与员工的责、权、利的统一以及身心健康、人身安全、职工素质提高等纳入考虑的范畴。

一、影响绿色科技创新的因素分析

当一种技术方向逐渐成熟和精巧的时候,它会使这个国家或者地区的文化、风俗习惯以及制造的产品都带有它的痕迹。所谓的技术方向,有宏观和微观两个层面的含义(图 4-29)。

具体到绿色科技领域,就表现为当绿色科技成为政府、企业个人的创新主流时,各种的环保产品、生态意识、生态伦理、生态文化也会相应出现。因此,研究绿色科技创新有必要从国家、居民、企业的相关情况入手,根据实际情况进行实际分析,以便为绿色科技的顺利创新铺平道路。

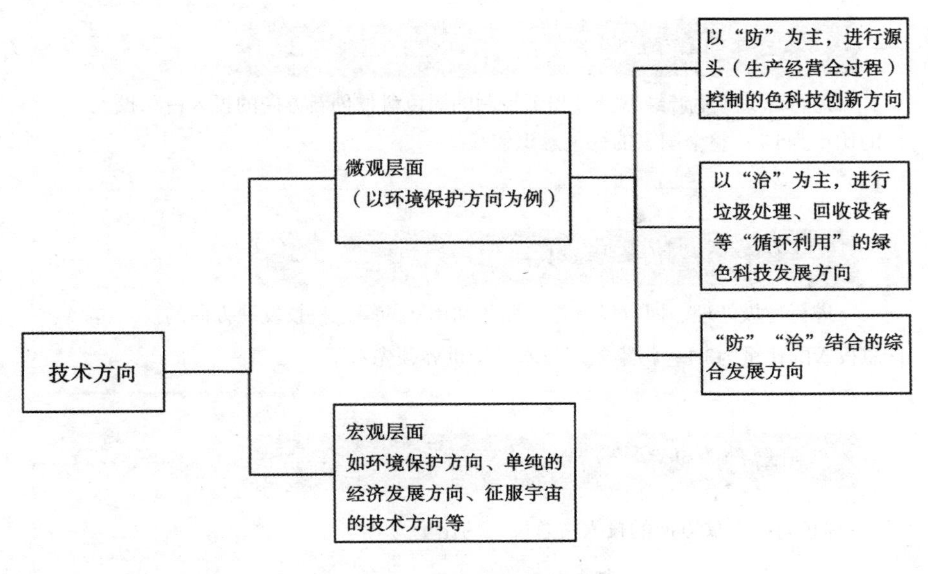

图 4–29　对技术方向的理解

（一）宏观因素

宏观层面主要是从整理世界或者国家的角度来进行分析的。

1. 国家投入绿色科技创新的财政资金状况

就一个国家来说，政府的投入是决定绿色科技创新能否持续进行的重要因素。一个政府对绿色科技创新的投入越多，就越表明它对绿色科技创新越重视，相对来说得到的创新成果也就越多。从绿色科学技术的三个方向，我们来看各个国家对绿色科技创新的重视程度（图 4–30）。

从这三个国家（或国家联盟）环境保护方向的投入比例我们可以看出，日本的绿色科技创新以民间力量为主，美国的绿色科技创新则以政府为主，欧盟介于两者之间。至于我国政府的投入金额、投入比例、投入方向、投入主体，还需要根据具体的情况来研究，这些直接关系到未来绿色科技创新的走向。

美国（以“防”为主）

进行源头（生产经营全过程）控制的绿色科技创新方向的投入占总投入的比重为5%；整个国家的绿色意识较强。

日本（以“治”为主）

进行垃圾处理、回收设备等“循环利用”的绿色科技发展方向的投入占总投入的比重为3%；污染处理技术处于世界领先水平。

欧盟（“防”“治”综合）

绿色科技发展方向的投入占总投入的比重为3%。

图 4–30　各国对绿色科技创新的重视程度

2. 国家或地区在意识层面的引导

国家或地区在意识层面的引导主要包括生态意识的引导、生态人文的引导、生态伦理的引导、生态文化习俗的引导等。这些意识层面的引导会引领新的消费方式——绿色消费，提高人们对绿色科技的重视程度，进而使绿色科技在科技创新中占据一席之地。

（二）微观因素

微观层面主要是从企业与个人的层面来分析。

1. 绿色科技创新的出资者定位

科技创新的方向往往根据出资者的意图来发生改变，因此分析绿色科技创新的出资者定位是十分必要的。就绿色科技创新的经济效应来看，当绿色科技创新成果具有较大的利润时，如某些绿色消费品的科技创新，可以采用企业或个人出资的方式。当主要考虑绿色科技创新的社会效应和生态效应时，如与环境保护、资源节约密切相关的绿色科技创新，应该采用国家出资的方式。如果三者兼具，既有经济效应，又有社会效应和生态效应时，则可采用按比例分摊的方式。

2. 国家对超标污染企业的惩戒力度和执行情况

当前，我国环境污染的情况日益严重，但受各种条件的限制，许多企业对于绿色科技创新的研发情况仍不能尽如人意。对此，国家应该加大对超标污染企业的惩罚力度，严格落实对超标污染企业的惩罚执行情况，使企业付出大于绿色科技创新的成本，进而促使他们走向绿色科技创新的道路，真正实现绿色科技创新。

3. 企业进行绿色科技创新的资金状况

企业能否进行绿色科技创新，企业的绿色科技创新能否取得新的成果，都取决于它自身的资金状态。资金充足，则足够支撑企业进行绿色科技创新，反之则难以为继。当然，绿色科技创新的成果也会给企业带来相应的利润，充盈企业的资金。

二、绿色科技创新的“发展向”

“发展向”是指绿色科技创新的主攻方向。从本质上来看，绿色科技创新就是技术的创新，通过新技术来影响原有的生产与生活方式。从生产方式来看，现有的绿色科技创新的发展向主要是上面分析中提到的针对源头生产的以“防”为主、针对循环回收的以“治”为主和“防”“治”综合。除此之外，还有一种基于“循环经济”的理解方式，即以“绿色科技的创新”为标志的发展向分析，它包括两个方面的内容（图 4–31）。

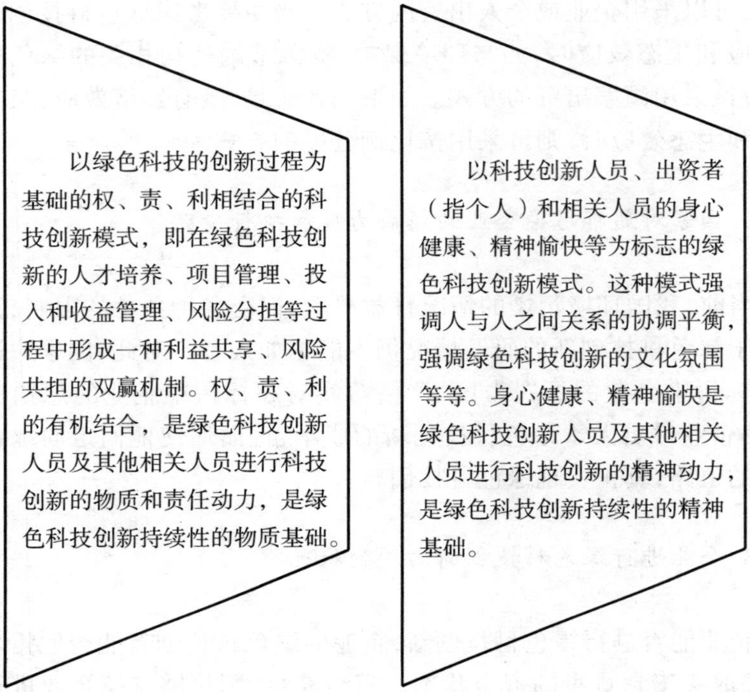

以绿色科技的创新过程为基础的权、责、利相结合的科技创新模式，即在绿色科技创新的人才培养、项目管理、投入和收益管理、风险分担等过程中形成一种利益共享、风险共担的双赢机制。权、责、利的有机结合，是绿色科技创新人员及其他相关人员进行科技创新的物质和责任动力，是绿色科技创新持续性的物质基础。

以科技创新人员、出资者（指个人）和相关人员的身心健康、精神愉快等为标志的绿色科技创新模式。这种模式强调人与人之间关系的协调平衡，强调绿色科技创新的文化氛围等等。身心健康、精神愉快是绿色科技创新人员及其他相关人员进行科技创新的精神动力，是绿色科技创新持续性的精神基础。

图 4-31　绿色科技创新的发展方向

三、绿色科技创新的“持续度”

“持续度”是指对绿色科技创新能否长期发展的判断。它有时间和空间两个维度，有绿色科技的创新“持续度”和绿色的科技创新“持续度”两方面的内容。要实现“持续”，必须使绿色科技创新的各利益群体实现利益的均衡、和谐和互补，这是一个漫长的过程。它总是由原来不均衡、不和谐、不互补逐渐发展到均衡、和谐和互补。均衡、和谐和互补的状态包括三个方面的内容（图 4-32）。

政府	绿色科技创新主体	个人
鼓励和支持绿色科技创新主体进行持续创新的同时，得到生态安全、社会稳定以及绿色GDP的不断提高	在政府的鼓励和支持下，不断进行绿色科技创新的同时，得到经济收益的不断提高	在整个绿色科技创新的过程中，不断得到经济收益、生态享受和精神满足

图 4-32　各利益主体的均衡、和谐和互补

要实现这种状态，需要利用绿色科技创新的外部效应进行补偿，并针对绿色科技创新的责、权、利问题建立创新机制。只有切实建立起公平、公开、公正的创新机制，才能充分调动起创新主体[①]的积极性，并将创新成果成功运用到实践中去，否则绿色科技创新与一般的创新没有任何区别。

① 科技创新人员、企业、高等院校和科研院所。

第五章　新制度：大力建构生态政治体系

中国在很长的一段时间里选择采用粗放型的发展方式来发展经济，这种发展方式具有高排放、高消耗、高污染等特点，因此，在建设我国经济的同时也带来了一系列不好的影响，严重破坏了我们赖以生存的生态环境。例如，重大污染事件频有发生对环境造成了严重的污染，无节制地开采资源导致资源开采过度、工厂有害物质的排放影响了人民群众的身体健康等。生态环境的日趋恶化逐渐对我国经济社会的稳定发展产生了严重威胁，如今，人们越来越认识到进行生态文明建设是十分重要的，将生态文明建设纳入制度化建设轨道，大力构建生态政治体系可以说是势在必行的，同时，这也是发展生态文明的必由之路。

第一节　健全生态文明法治建设

一、生态文明法治建设的理论意蕴

对“生态文明法治建设”的概念及其蕴含的丰富意蕴有一个准确、清晰、深刻的理解是将生态文明建设纳入法治化建设轨道的前提，有助于生态政治体系的构建。

（一）生态文明法治建设的内涵

实际上，“生态文明法治建设”是一个复合的概念，我们不妨将其拆成“生态”“文明”“法治”“建设”四个部分，逐一进行了解。

我们可以将“生态”简单地理解为自然环境，而“文明”就是相对于野蛮而言的。“生态文明”即指一种积极良性的文明形态，指人与自然或其他关系体遵循和谐发展的客观规律，从而形成健康、协调的联系，进行能量交换，获得的物质成果与精神成果。

对于“法治”，我们可以有两个方面的理解，第一种理解是“法的治理”，第二种则是“法的统治”。“法的治理”我们可以理解为通过法律规范来维持统治，而“法的统治”在人类社会发展到一定阶段才出现，它强调的是法律本身的权威。那么，顾名思义，“法治建设”即通过法律各项规定来进行管理，它是一种治国方式。

通过以上分析，我们不难理解，“生态文明法治建设”等含义便是依据法律法规来解决各种生态矛盾，推进生态文明建设，从而实现人民生活幸福的目标。

（二）生态文明法治建设的理论基础

通过“法”来进行生态治理并不是一个新的想法，实际上“法治”与“自然保护”相结合的思想从很早之前就已经出现，中华民族自古就有“道法自然”“天人合一”“众生平等”等独特的、充满智慧的思想，它们是中华优秀的传统文化，中国古代思想家提出的这些有关人与自然的独到见解深刻影响着现代生态文明法治建设，为现代生态文明法治建设提供了重要的思想依据与借鉴，具有深刻的启迪意义。

除了中国古代思想家对人与自然的关系有独到的见解之外，外国思想家马克思、恩格斯等也在这方面颇有想法。他们虽然没有直接论述“生态法治”或是提到“生态文明”这个概念，但是多次论述了有关自然以及人与自然关系等问题，从侧面展现了其生态思想，他们著作中蕴含的丰富而深刻的生态文明思想也为生态文明法治建设提供了依据，是生态文明法治建设的理论来源之一。中国进行生态文明法治建设在立足于中国当下的国情的同时，要积极继承和发扬中国传统思想以及吸收与借鉴马克思、恩格斯等人的生态思想。

二、加强生态文明法治建设的基本遵循

科学完备的法律保障机制是推进生态文明建设的基础和动力。只有适应和协调生态文明建设的内在要求，才能促进经济与生态保护的协

调发展。

（一）坚持可持续发展原则

可持续发展既是建设生态文明的基本条件，也是建设生态文明必须遵循的基本原则。只有在生态环境立法中贯彻可持续发展原则，才能促进和保障人与自然的和谐共处。

（二）坚持预防为主、防治结合原则

粗放的经济发展方式造成了资源的浪费和环境的破坏，给人类生存带来了严重的威胁和挑战。人类社会发展的实践表明，预防是实现可持续发展最科学、最有效的方式之一。推进生态文明建设和依法治国，必须认真贯彻“预防为主、防治结合”的理念，着力从源头上预防。

（三）坚持经济发展与资源开发相协调原则

环境污染、自然资源匮乏和生态恶化已成为我国亟待解决的问题。在加强生态文明立法的背景下，要树立正确、积极的指导思想，清楚地认识到环境资源保护与经济社会发展的关系，经济增长绝不能再以破坏环境为代价，要充分兼顾环境、自然资源等生态要素，实现经济发展与环境保护并重。[①]

（四）坚持责任归责原则

推进生态文明建设，必须强化法律规范作用，切实做到依法治国。加强生态环境保护法治建设，借助立法强化责任，确保制度的可执行性，切实维护生态文明建设法治秩序。

---

① 胡玉国. 生态文明法治建设的路径选择 [J]. 国家治理，2021，(6).

（五）坚持强化社会民众生态文明法治维权原则

生态文明法治宣传工作的有效开展，离不开公众的参与和支持。生态文明法治治理需要让公众真正参与其中，让公众真正感受到建设的效益和价值，让生态文明法治理念深入人心。

三、生态文明法治建设的基本路径及对策

（一）完善立法，健全生态文明法律法规体系

1. 贯彻生态立法理念

生态立法是立法活动的一个特殊领域，生态立法不仅遵循一般立法的基本原则，而且强调生态环境保护的理念，遵循生态发展的基本规律，在立法过程中始终贯穿一些基本生态原则，如节能、低碳等。

2. 坚持科学立法活动

在生态立法中，要处理好权力与权利、权利与责任的关系，既要保障行政机关的行政权力，也要保障人民群众的根本利益。要深入基层进行调研，了解群众意见，积极征求市民对生态环境保护的各类建议，在立法过程中，有新问题要尽快解决，无用的条款要及时撤掉。[①]

3. 借鉴境外立法经验

我国在生态立法方面可以借鉴国外优秀的立法经验。例如，德国的跨国合作，推进整体生态发展的理念。

---

① 胡玉国．生态文明法治建设的路径选择[J]．国家治理，2021，(6)．

（二）严格执法，落实生态文明法治实施体系

1. 强化执法保障

环保执法队伍必须配备各类检测装置以及监控设备，解决生态环境保护执法取证难的问题。生态环境保护执法队伍的素质也要有所提升，建立常态化培训机制，对出现的问题及时进行解决。要培育执法文化，引导执法人员增强法治意识，严格依法履职。

2. 创新执法手段

随着全球的信息化发展，有必要推动大数据在生态环境立法中的应用。全国各级生态环保部门要按照集约化“大平台、高集成、高共享”建设思路，建立大数据共享机制，建设“生态云”平台，实现执法机构之间的有效沟通。

3. 杜绝执法干扰

要完善各级生态环境保护考评机制，在政绩考核体系中加强对生态环境保护的考评，考评结果将作为领导干部提拔的重要参考依据。实行生态环境保护责任制，是决策者对生态建设相关决策的负责，是有目的地防止各市为发展地方经济而牺牲生态环境的行为。

（三）深化改革，构建生态文明司法保障体系

1. 建立生态司法队伍

生态司法案件具有专业性、复合性，有必要对司法队伍实施针对性培训，在法官培训中增加相关环境学内容，同时，吸纳更多生态环保专业毕业生。

2. 落实干预追究制度

在生态司法实践中严格落实《领导干部干预司法活动、插手具体案件处理的记录、通报和责任追究规定》，对插手司法活动的领导干部要严格按照规定对其进行处理，维护司法权威，保证司法过程中的公开透明，确保生态司法工作的有序进行。①

3. 完善评估鉴定机制

司法行政部门要加强对生态损害评估机构的监督管理，坚决防止评估机构与当事人暗箱操作，影响结果的公正性。审判机关要运用鉴定人员出庭接受质询和说明制度，确保鉴定结果的公平、公正。

（四）加强宣传，营造生态文明建设守法氛围

1. 加强舆论宣传报道

建设生态文明法治体系需要广大人民群众对生态文明法治理念的认同和支持。要加强舆论宣传，利用电视台、网络、手机客户端、微信等媒体，通过报道、经验宣讲等形式，在全社会形成建设生态文明的浓厚氛围。

2. 鼓励群众参与实践

建立生态文明法治体系，不能仅仅停留在思想上，要完善公众参与机制，鼓励群众依法进行生态文明建设，让环保落实到日常生活中，如废电池回收、垃圾分类等。

① 胡玉国. 生态文明法治建设的路径选择[J]. 国家治理，2021（6）.

3. 建立守法促进机制

相对于发挥生态环境执法的威慑效应而言，建立生态文明建设守法促进机制则是生态文明建设的最终目标。通过优化生态文明法律制度体系降低生态环保守法难度和成本，创造生态文明建设守法的内生动力。

（五）注重实效，完善生态文明法治监督体系

1. 构建多元监督体系

生态监管要形成政府主导、群众参与、多元监管的格局。环境和环保部门有义务履行职责，承担环境监管的主体责任。公众要提高环境和环境监督的积极性，共同保护自己的家园，也要从媒体监督、人大监督、司法监督等多方面进行监督，编织一张环境保护和环保监测网。

2. 构建协调监督机制

生态环保监督工作涉及各个部门职责，生态环保职能部门要负责牵头，做好各部门统一协调工作，理顺上级监督与地方政府经济发展的关系，提升整个生态环境监管效率。

3. 完善社会监督制度

完善群众举报机制，及时处理生态热点问题，充分发挥 12369 环保举报平台的作用，规范监督流程。设立奖励机制，对查证属实的举报监督行为给予一定的物质奖励。划定舆论监督红线，防止舆论过度干预的情况出现。

第二节　完善生态文明制度体系

一、生态文明制度体系的内涵

生态文明制度体系是指为促进生态文明建设的各项规章制度的总称，包括宪法、法律、行政法规、部门规章、行业标准等。生态文明制度体系的建立和完善不仅是生态环境稳定、可持续发展的重要保障，也是推进生态文明建设的重要途径。

二、完善生态文明制度体系的思路

（一）强化源头预防

我国自从实行高排放、高消耗、高污染的粗放型的发展方式以来，在经济发展迅猛的同时也带来了一系列不好的影响，例如有毒有害等气体从工厂大量排放出来（图 5-1 至图 5-3），对空气污染严重，也影响了人们的身体健康（图 5-4），此外，水污染（图 5-5、图 5-6）、石油污染（图 5-7）、资源过度开采（图 5-8 至图 5-13）等也对我们赖以生存的环境产生了威胁。

图 5-1　浓烟从厂房中弥漫出来

图 5-2　燃煤发电厂城市污染

图 5-3　燃烧的垃圾场排放的有毒烟雾污染了空气

图 5-4 小孩儿捂住口鼻，防止吸入有害气体

图 5-5 工厂化学污染

图 5-6 重金属和化学物质的水污染

图 5-7　石油污染

图 5-8　被污染的沿海地区

图 5-9　乱砍滥伐

图 5-10　过度砍伐树木

图 5-11　过度开采煤矿

图 5-12　废弃的矿山

图 5-13　大型石油开采

为有效改善上述状况，必须加强源头预防，从源头上控制污染物排放，这是保护环境的一项有效举措。加强源头预防，需要完善全市生态环境目标考核评价体系，支持环境质量监测体系和指标体系建设，改革完善主要污染物综合减排体系，推进绿色生产和消费，加强政治领导和法治建设，制定相关政策，促进业态结构调整优化，如能源结构、运输结构和土地利用结构等，大力推进生态产业化，积极搭建绿色金融市场业务平台，吸引社会资本积极参与环保产业。

（二）加强立法保障

制定更加严格的环保法律法规，加强环境监察和监管，对污染企业进行处罚，从根本上防止环境污染问题的发生。此外，要建立配套的法律法规体系，完善生态补偿机制，实行生态环境损害责任追究制度等。

（三）建立完善的生态环境保护机制

通过加强公共环境保护意识的培养，提高公众的环境保护意识和环保行为，形成环保社会共识。同时，要加强对环境监测和预警的建设，将科技手段与环保工作相结合，提升环保工作的科学化、信息化水平，为生态环境保护提供技术支持。

（四）加强企业环保责任

通过完善企业环保管理制度，加强环保监督和管理，强化企业环保责任，切实保障生态环境的稳定和可持续发展。同时，要加强对企业环保成本的监管，推动企业更加注重环保投入，提高环保投入的效益。

三、完善生态文明制度体系的具体措施

第一，加强环保法律的完善，建立适应环境保护需要的法律法规体系，建立健全的生态补偿机制。

第二，加强对环境监测、预警、评估等的建设，提高环保工作的科学化、信息化水平。

第三，建立企业环保责任制度，切实保障生态环境的稳定和可持续发展。

第四，加强公众环保意识的提升，推动形成环保共识。

加强生态文明制度的完善是全社会共同的责任。只有在政府、企业和公众的共同努力下，才能实现生态文明建设的目标。

第三节　强化生态环境协同治理

维持我国社会稳定与促进我国经济可持续发展的支撑之一便是我们良好的、赖以生存的生态环境。因此，我们可以这样理解：生态环境与经济社会是相互促进、相辅相成的。所以，为了更快、更好地推进我国生态文明的发展与建设，有必要摒弃以往的生态环境治理模式（以政府为主导的模式），而转变为多元主体共同参与建设生态文明，从生态环境治理效率与生态环境治理质量两个方面入手，共同提高。要想落实强化生态环境协同治理的方案，需要走法治化道路，逐渐筑起生态文明建设的法治保障，这就需要我们慢慢探索出生态环境协同治理的法律路径，从而用法治建设推动生态文明的建设。

一、协同治理是生态文明建设的发展趋势

如今，生态环境协同治理已经成为生态文明建设的重要发展趋势，要想有效解决生态环境危机、推进可持续发展、实现人与自然和谐共处，必须遵循协同治理理念。遵循生态环境协同治理理念是实现生态文明建设目标的重要一步。

多元协同的环境治理模式可以更好地克服政府主导的治理模式的弱点，并能明确生态环境治理各主体的参与者地位，从而建立多元合作的治理机制，符合民主协商的原则。基于生态环境协同治理的要求，各主体产生了相同的利益，因此，各主体可以积极发挥各自的长处与优势，为整个生态环境治理体系的有序运行贡献自己的力量，这也有助于构建新型生态文明建设体系。在协同治理模式下，各主体还可以共享有

效的、最新的环境信息，解决传统模式下信息传递慢、不够准确等问题，这不仅可以节省环境的治理成本，还可以提高生态保护效率。

二、推动多方主体参与生态环境治理

治理生态环境是一项社会化的、庞大的工程，涉及政府部门、企业主体、社会组织、社会公众等多方主体，因此，在生态文明建设与实施的过程中，应该充分地调动多方主体积极、广泛参与其中，多交流、多互动，引导和鼓励不同主体（政府部门、市场主体、社会组织及公众）切实发挥出他们在生态环境治理方面的作用。

（1）政府部门：政府部门要发挥出权力作用，履行好自己的职责，严格监督一些社会主体开展的生产经营活动，对日常生活中出现的违反生态环境法律法规的行为，如污染环境、破坏环境、无节制地开采资源等违法犯罪行为予以严厉处罚与打击。

（2）市场主体：市场主体在开展一系列生产经营活动的时候，切记要遵守相关的生态环境法律法规的要求，坚持从源头上杜绝污染环境、破坏环境等行为，维护好我们赖以生存的家园。

（3）社会组织：政府可以监督其他主体的行为，反过来，其他主体也可以对政府的行为进行监督，比如，社会组织可以很好地利用自身在生态环境方面的专业优势，获取生态环境治理的最新资料，从而监督政府是否在很好地履行环境治理职责。当然，除了监督政府的行为之外，还可以对企业、公众等环境治理行为进行监督。

（4）公众：公众的力量是不可小觑的。公众作为社会中的一分子，应当不断学习与生态环境相关的知识与相关的法律法规，了解爱护环境的重要性，从而增强保护生态环境的意识，从身边小事做起。以身作则保护人们赖以生存的生态环境，并懂得通过合法的、合理的方式、渠道表达自己正当的、合理的利益诉求。

三、推广生态环境协同治理的法律观念

加强与生态环境相关的知识教育，弘扬生态环境共享的观念，是有效实施生态环境协同治理的方式之一。盲目无序开发造成的生态破坏、资源浪费和环境污染，已成为严重影响社会发展和稳定的因素，人民群众迫切需要绿色生态环境，但生态环境统筹治理的法治意识稍显滞后。依托生态环境法治教育、法治宣传等活动，既可以提高各主体对生态环境法治的认识，又可以强化生态环境保护意识，易于引导各方积极参与生态环境治理。

加强环境法治教育建设，构建生态环境教育体系，充分发挥教育的效益，既有利于实现公民素养的全面提高，也是提高公民环境法治素养的有效途径。在实施生态环境合作管理的思想基础上，通过多种形式促进人们环境法律观念的培养。将生态环境保护要求、生态文明建设理念、环境法内容融入教育体系，形成对青少年的正确引导，使生态环境管理法治化理念深入人心。

四、完善生态环境协同治理的法律法规

我国坚持依法治国，要想调动多元主体参与生态环境治理，建立多元协同的生态环境治理模式，最重要的一点就是寻求法治层面的支撑。实际上，我们国家已经陆续出台了多项环境法律法规，生态环境法律体系不断被完善。比如，在《民法典》中，环境公益诉讼条款就为各方当事人参与生态环境治理提供了合法途径。

要想使生态环境协同治理模式顺利进行下去，还要明确不同主体之间的关系以及各主体在生态环境治理中的责任和义务。我国虽然出台了一些环境法律法规，但是在合作的主体、程序、资助、担保等方面并没有作出详细的规定。总体来讲，目前的生态环境协同治理相关的法律法规还比较零散。因此，可以考虑制定统一的生态文明建设法律法规，对生态环境协同治理的具体法律问题作出明确规定。

五、共享性与公平性共同维护

公正与公平是社会制度的本质，也是生态环境协同治理的追求，所有社会主体都有参与生态环境保护和管理的权利。然而，由于人们无限的需求与有限的自然资源之间的矛盾等，不公正现象日益严重。环境协同治理就是寻找解决这些问题的策略，其目的是实现人与自然、人与人之间的和谐。虽然表面看是治理生态环境，但其主要目的还是探索人与自然的和谐之路。现阶段生态环境合作治理首先要解决人与自然之间的道德问题，实现人与自然的和谐共处。

马克思通过实践阐释了人与自然的关系：人们通过劳动改变自然，获取生存和发展所必需的东西。随着科学技术的进步和资源的开发，人们不断提高改造自然的能力，以满足日益增长的物质需求，这就导致了自然资源的枯竭、生态环境的破坏和生态问题的出现。这就是为什么恩格斯告诫我们绝不能沉醉于对自然的胜利，因为大自然最终会报复人类。这意味着，当我们从自然中获得生存和发展所必需的东西时，要取之有度，不能只为满足自己的欲望而不管不顾，要改变自己的想法，调整自己的行为，从而维护人类与生态的关系，实现人与自然的和谐发展。

第四节　积极参与全球生态治理

一、全球生态治理的背景和意义

（一）全球生态环境问题的严重性和对人类的巨大影响

如今，全球生态环境问题特别是全球变暖问题日益突出，生物多样性急剧减少、水资源消耗严重，生态环境的恶化对人类生存和可持续发展构成了严重威胁。全球生态治理也面临公允价值诉求缺失、治理主体利益冲突、存在“赤字”等现实困境。面对生态环境和人们生存条件的挑战,越来越多的国家同意加强生态环境管理,保护地球这个人类赖以生存的家园,它也是人们生存和发展的基础。维护好地球这个的美丽家园,需要世界各国人民通力合作、共同努力。当今世界正在发生百年未有之大变局,国内外形势正发生复杂深刻的变化,全球生态治理面临诸多难题。有效的全球生态治理既是解决全球生态治理困境、建设全球生态文明的迫切需要,也是人类实现可持续发展的必由之路。

1. 全球生态环境问题的严重性

全球生态环境问题的严重性表现在很多方面。首先,全球变暖导致了气候变化和海平面上升,这给人们带来了生命和财产的威胁。其次,自然资源过度开采和乱砍滥伐的行为导致了生态系统的破坏。这些问题不仅影响了自然环境的平衡,而且影响了人类的经济发展和社会稳定。

我们必须认识到全球生态环境问题的严重性和对人类的巨大影响。随着人类社会的快速发展,环境问题逐渐显现出来,造成的环境灾害不断加重,并影响到人民的生活和健康。因此,我们必须采取措施来保护环境,实现可持续发展和绿色发展。

2. 对人类的巨大影响

人类活动对环境的影响正在不断加强,这对人类自身的生存和发展构成了威胁。例如,产生工业废弃物、农业化肥和垃圾等会对自然环境造成污染,会出现气候异常、极端天气和生态平衡被破坏等现象。

总之,我们需要共同努力,积极参与全球生态治理,以保护环境为己任,创造一个更加美好的未来。

(二)绿色发展理念的提出和可持续发展的重要性

如今,随着自然环境被破坏,环境问题越来越受到人们的关注。人们逐渐认识到绿色发展与可持续发展理念的重要性。它们的重要性主要表现在三个方面,分别是经济方面、社会方面和环境方面。从经济角度来看,可持续发展通过鼓励创新来实现经济的可持续增长。从社会角度来看，可持续发展能够提高人们的生活水平，使人们生活得更加健康与充实。从环境角度看，可持续发展有利于生态环境的平衡与稳定，实现环境的长远发展。为了实现可持续发展，必须实施绿色发展，通过能源、建筑、交通、农业等领域的绿色创新，实现经济的转型和升级。全球生态治理必须由各国共同参与，形成全球合作的生态治理体系，以促进可持续发展和绿色发展理念的落实。

二、当前全球生态治理面临的主要问题

（一）全球生态治理的公正价值诉求缺失

在现实生活中，生态环境的各个治理主体的价值观不一样，很多治理主体我行我素，甚至各主体间相互指责。不是每个主体都在寻求如何保护地球家园，反而更多主体比较关心如何占据更多资源与权利。关于增加自己的排放权的讨论很多，关于如何保护生态的讨论相比却没那么多。在参与全球生态治理的众多主体中，他们更关注自身的利益，而不是世界的共同利益。

在以西方发达国家为主导的生态治理体系中，享有优美生态环境、保持舒适生活方式的工业国家积极寻找多种方式，努力将生态危机转移到发展中国家，并掌握生态治理方面的话语权。这是生态治理领域“马太效应”的体现，即经济越发达的国家越能控制环境污染，而经济越不发达的国家越容易受到环境问题的影响。全球生态治理缺乏公允的价值理念。多数发展中国家曾在全球生态治理中被边缘化，面临“失去话语权”的困境。只关心发达国家的权利，而忽视发展中国家的基本生存权利，必将走向毁灭。

在全球生态治理中，国家是主体。尽管有许多非政府组织参与生态管理，但为了在全球范围内进行有效合作，我们仍然需要签署具有约束力的协议。由于一些单边国家屡屡违反国际环境条约和协定，全球生态治理陷入“集体行动困境”。对发展中国家来说，面临发展经济、改善民生、保护环境等诸多任务，参与全球生态治理存在技术和资金短板，难以发挥建设性作用；对于发达国家来说，换言之，他们打着维护全球生态平衡的旗号，强调世界各国应对全球生态治理负起同等责任，拒绝承

担历史责任,同时又不充分满足发展中国家在可持续框架内应对生态危机的需要。

(二)全球生态治理存在责任分歧

众所周知,世界上各个国家的工业化进程是不相同的,这就导致了各个国家在全球生态治理的责任方面存在争议,具体表现有以下两点:

首先,由于各个国家的工业化进程不同,所以导致各个国家的经济发展水平存在很大差距。经济水平强的国家即发达国家已经达到了很高的生活水平,而有些经济水平弱的国家即发展中国家甚至还没有解决温饱问题,它们虽然也想积极改善生态环境,但是由于经济水平落后、物质生活匮乏,所以对它们来讲,发展经济是重中之重,而对其他方面可能有心无力。

其次,由于各个国家的工业化进程不同,所以每个国家对环境造成的破坏程度是不同的,开采的资源多少也是存在很大差异的。

从发展中国家的角度来看,发达国家已经完成工业化的改革,并且是在科学技术并不发达的情况下进行的,所以一味盲目地开采、消耗自然资源,造成了自然资源枯竭与环境的破坏,使地球难以为继。此外,为了改善自身生态环境,发达国家还向发展中国家转移了一些污染严重的产业。这虽然在一定程度上带动了发展中国家的经济发展,但也给发展中国家的生态环境带来了许多难以解决的问题。因此,发展中国家认为,发达国家对生态环境的污染和无情破坏导致了生态环境问题的现状,发达国家应对全球生态治理承担首要责任。

从发达国家的角度来看,发展中国家正在进行工业化,消耗了大量的资源,释放了大量的污染物。因此,发展中国家必须把保护生态环境作为首要责任。

总之,发展中国家与发达国家都从自身利益出发,在是否应承担全球生态治理主体责任的核心问题上存在分歧,全球生态环境在国际争论中持续恶化。

（三）全球生态治理面临利益摩擦

各国在共同应对全球生态环境问题上存在诸多困难，根本原因在于各国家利益相矛盾。世界各国所处的发展阶段不同，在全球生态治理过程中，各国从自身利益出发，力求在全球生态治理中实现自身利益最大化。一些发达国家为了一己私利，对全球生态治理持消极看法，回避本应承担的生态环境责任，加大全球生态治理难度，加剧全球生态环境持续恶化，严重影响全球生态治理进程。一些发展中国家在减排问题上意见不一，矛盾尖锐。全球生态治理难免存在各国利益出现冲突的情况，平衡各方利益、加强国家间协调合作成为全球生态治理面临的巨大难题。

为有效化解国家间利益冲突和责任分歧，国际社会多次召开重要会议，各国也达成共识，签署多项协议。但是，如果不能妥善协调治理主体之间的差异和利益冲突，全球生态治理就难以实现善治。

（四）全球生态治理陷入政策困境

在生态环境问题已经成为全球性问题的情况下，各国不可能一意孤行地应对全球生态危机，只有共同治理才是上策。因此，有必要诉诸相应的法律制度来限制各国参与全球生态治理。

国际社会制定并通过了多项保护生态环境的决议和制度，在一定程度上促进了全球生态环境的有效治理。但是，这些决议和制度还存在很多空白，不能涵盖生态环境的方方面面，不能适用于法律制度的各个层面。发达国家利用这些空缺在全球生态治理体系中发挥自身利益，制定符合自身利益的相关规则。发展中国家处于全球生态治理体系的边缘，很少能提出自己的意见和建议，只能被动接受既定的法律体系。发达国家的这种行为使全球生态治理法律体系的合法性陷入危机。与此同时，各国通过的决议很少能充分发挥效力。由于各国尚未就全球生态治理达成一致，即使达成了协议也并非所有国家都能接受。一些国家在违反协议时，大多只是在道义上受到谴责，而没有其他任何物质惩罚，影响了相关法律的有效实施，阻碍了全球生态治理的进程。

不同国家对全球生态治理的态度不同，导致全球生态治理效率低下、难以推进。如果不能建立一个对世界各国都有管辖权和控制权的独立仲裁制度，全球生态环境就无法得到有效改善。[①]

（五）全球生态环境问题日益突出

当前，全球生态环境问题日益突出，并且表现在很多方面，比如气候变暖导致海平面上升、自然资源过度开采导致了生态系统被破坏、生物多样性减少、水资源大幅枯竭等。生态环境的持续恶化，造成的灾害不断加重，不仅导致环境的失衡，影响经济发展和社会稳定，甚至对人类的生存和健康都构成了威胁。例如，工业废弃物的排放、农业化肥、化学排放物、垃圾等会对空气造成污染，被人体吸入后，便会导致一系列病症。

面对被破坏了的生态环境给人类生存和健康带来的挑战，越来越多的人意识到保护生态环境的重要性，人类必须采取实际行动来保护环境，争取实现环境的可持续发展和绿色发展。如今，越来越多的国家选择加强生态环境建设，共同努力，一起保护人类赖以生存与发展的生态环境，维护我们美丽的地球家园。

有效的全球生态治理既是建设生态文明的迫切需要，也是人类实现可持续发展的必由之路，因此，每个国家都应该以保护环境为己任，积极参与全球生态治理。

三、人类命运共同体视域下全球生态治理的基本原则

（一）坚持绿色发展理念

面对日益突出的生态危机，只有尊重自然、保护生态的绿色发展方式才是可取的。自然资源不是取之不尽、用之不竭的，人类的生产实践不能超过生态环境的承载能力和资源的承载能力，一旦超过生态承载的极限，自然就会毫不留情地惩罚他们。所以，人们在开发利用自然资源

① 徐钰然，张建英．全球生态治理面临的问题与对策[J]．社会主义论坛，2023，(3)．

时，要坚持保护、节约等原则，践行"绿水青山就是金山银山"的发展理念，深入探索绿色生态价值转化为经济效益的有效途径。

(二)坚持共商共建共享原则

地球是人们赖以生存的唯一家园，建设美好家园是人类的共同愿望。国际事务必须由大家共同商量、共同处理。个别国家的单边主义不能影响整个世界的发展节奏，也不能任由一些国家粗暴践踏国际规则和共识。霸权主义国家严重破坏了全球生态治理的多边合作机制，进一步加剧了本已不足的全球减排目标，进一步拉大了全球气候管理的责任鸿沟。世界各国应共同协商全球生态管理规划，共同制定全球生态管理规则，共享全球生态管理成果，努力推动全球生态管理体系朝着更加公平合理的方向发展。

(三)坚持人与自然和谐共生，共建清洁美丽的世界

生态环境事关人类文明兴衰和可持续发展，人类社会的发展必须把生态文明建设放在突出位置，保护生态环境是符合人类社会规律的正确选择。近年来，气候变化、荒漠化加剧、极端气候事件频发，给人类生存和发展带来严峻挑战。大自然能够对人类无私馈赠，同样也会给人类带来灾难。协调人与自然的关系是人类永恒的话题。人与周围的自然环境息息相关，人的生存和发展不能独立于自然，同时，人在自然面前也是被动的，人的发展需要遵循自然规律，人与自然和谐共生，正确认识两者一体、生命相生相克的关系。[①]

四、可持续发展的实现条件和发展路径

(一)积极倡导人类命运共同体理念

西方社会多次进行探讨和实践，只为能够有效解决全球生态问题，

① 徐钰然，张建英. 全球生态治理面临的问题与对策[J]. 社会主义论坛，2023，(3).

然而效果并不好，全球生态问题依然十分严重。要想推进全球生态良好治理，必须积极树立人类命运共同体理念。

面对生态环境的挑战，我们要共同努力，为人类建设更加美好的家园，实现世界各国的共同利益和共同发展。世界各国都生活在同一个地球村，任何国家都离不开土地，任何国家都无法摆脱环境破坏的后果。我们应该要以人类命运共同体理念为指引，推动全球生态环境共商、共管、共享，为解决全球生态治理问题提供新思路，开启建设新机遇。

（二）努力推动全球生态治理利益分配合理化

在新型国际关系建设中，中国支持新型国际关系建设，把相互尊重作为新型国际关系的出发点，即使发达国家提供改善生态环境的技术支持，他们也不能干涉发展中国家的内政；公平是新型国际关系的必然条件，意味着每个国家在发展过程中都不能越过红线干涉别国利益，每个国家都应该共享发展机遇；合作共赢作为新型国际关系的核心，就是要维护和改善生态环境，光靠自己的努力是不够的，各国要解决好人类共同利益与各国特殊利益之间的矛盾，合作共赢。

（三）生态治理的质量量化策略

生态治理的投入需要有收益，才能持续。市场经济行为的投入往往有着相关的回报，有回报才能保护再生产的持续。但是，有些地区在生态文明建设过程中往往面临着投入保护了生态，但是无法通过市场获取相应收益的情况，这就导致了许多地区对生态治理投入的顾虑。所以，东部地区往往在区域内的湿地公园建设，生态农业、生态工业园的投入上不遗余力，但在易“搭便车”的生态治理领域的投入则不情不愿。原因是生态治理的质量难以量化，无法将投入转化为收益，生态治理往往不可持续。

解决生态治理质量量化问题，首要的对策是要解决理论问题，理论解释清楚，然后用法律制度确立，才能在实践上得以贯彻。①

① 张劲松. 中国地方生态治理的主要难点与对策[J]. 国家治理，2017，(40).

(四)建立健全普遍认同的生态治理长效机制

全球生态治理的停滞与各国执行协议的能力密切相关。全球生态治理要有效推进,需要建立普遍认可的生态治理机制,强化自主贡献机制。在责任划分上,可以看到,一些国家虽然在协议文件中作出了明确承诺,但在实践中却表现出落实不力的情况。因此,必须加快建立履约机制,尽最大可能落实各方承诺,评估国家履约能力。随着全球生态治理机制的不断发展,各方在2013年第十九届环境保护大会上达成共识,提出了国家自主贡献机制。2015年通过的《巴黎协定》围绕国家自主贡献机制进行谈判,签署方提出了2020年国家自主贡献目标。为顺利实现减排目标,《巴黎协定》还专门设立了"五年盘点机制"。这不仅强化了国家自主贡献机制的约束力,也有利于国家自主贡献目标的实现。

充分发挥非政府组织的作用。非政府组织在监督方面发挥着巨大作用。他们监督条约和公约的执行情况,并敦促各国在全球生态治理中作出自己的承诺。由于非政府组织大多数由专家和知识分子聚集而成,他们具有专业的知识、能力和大量的研究数据,形成了庞大的数据知识系统和专业人才网络。公约的执行无疑将发挥越来越重要的作用。

全球生态治理是一个漫长而复杂的过程,各国应始终把生态治理放在首位。中国作为全球生态治理的参与者、推动者和引领者,应积极参与全球生态治理合作机制。国际社会为推动全球生态治理进程也提供了一系列方案。

第六章　新价值：大力培育生态文化体系

中共中央作出生态文明建设顶层设计，首次提出“把培育生态文化作为重要支撑”。面对我国的资源紧缺、环境污染、生态系统破坏等问题，生态文化建设的滞后和生态文化建设的迫切性更加凸显，必须大力培育社会主义生态文化，促进生态文明建设。

第一节　文明与文化的生态学内涵

随着人类社会的不断发展，文明和文化成为人类社会中最为重要的元素之一。文明是人类社会最高层次的发展阶段，是文化在长时间演进和进化的基础上产生的高度统一。文化则是人类社会中传承下来的各种思想观念、行为方式以及物质文化等非遗传性的社会规范和物质符号的总称。

文明和文化在人类历史中占据着至关重要的地位，它们渗透于人类社会的各个方面，成为人类社会的重要代表。然而，文明和文化是否能够持续发展，是否能够影响人类社会持续稳定的发展，其实是与人类所处环境的生态状况密切相关的。因此，生态学作为一门科学探究人与环境的互动关系，在文明和文化的发展过程中也有其重要的作用。

文明与文化的生态学内涵是指在人类文明和文化的发展过程中，注重整个社会与自然环境之间的相互作用与关系，强调保护生态环境、减少污染和资源浪费、推动可持续发展等生态学原则的贯彻落实。

具体而言，文明与文化的生态学内涵包括以下方面：

重视环境保护：在文化和文明的发展过程中，必须将环境保护放在首要位置，避免污染和破坏。人们应该积极投入环境治理、资源循环利用和生态修复等行动中，以确保自然环境的健康和可持续性。

重视可持续发展：文明和文化的发展必须考虑到长远的利益和环保的影响，采取可持续发展方式。这意味着文明和文化的发展应该尊重生态环境，充分利用自然资源和推动绿色产业的发展，以缩小人类活动对环境的影响。

推广环保意识：文明和文化的发展除了政策制定和技术创新外，更关键的是国民的环保意识。推广环保教育，提高全社会的环保意识，培养每个人的节约用水、节能减排等环保习惯，从而促进文明和文化的生态学内涵的不断提升。

强化社会责任：所有决策者、企业家和公民都应当承担对社会和自然环境负责任的精神。在文明和文化的发展中，这意味着他们应该积极参与社区、行业的可持续发展，采取适当的环境保护措施，从而最小化对生态环境的破坏。

文明与文化的生态学内涵是指在文明和文化的发展过程中，遵循生态学原则，尊重自然环境，注重可持续发展，推广环保意识和强化社会责任，以实现人类与自然的和谐共存和持续发展。

文化是人类适应环境的产物之一。事实上，环境是影响文化形成和演进的一个重要因素。不同的区域、气候、资源、地貌等环境条件对人类文化的形成和演化都产生了直接或间接的影响。像中国古代发展出的水稻种植、纺织、青铜器制作等就是因为中国特殊环境条件的缘故，人们通过了解与应对环境的方法而形成的文化。

最初的人类活动都基于自然环境的资源，人类使用和消耗环境资源的方式也越来越多样化，并在此基础上发展出更加复杂的文化。但是人类发展文明所耗费的社会物质和能源的消耗也是地球无法过度承受的。如果不加以节约和保护，必然对生态环境造成破坏，而这种破坏也将反向影响人类文明和文化的健康发展。

在现代科技高速发展的年代，人类已经掌握了大量的高科技手段来改造环境，同时也使环境遭到了前所未有的破坏。比如，在工业化进程中，人类建造了大量的工业开发区和城市，污染物排放、大量采取土地破碎和开垦等对环境的过度操作，都导致环境的恶化和失衡，威胁着人类社会的可持续发展。

究竟如何保护环境，为文明和文化保驾护航，以便让它们能够在生态条件下继续发展成熟，这个问题不仅关乎人类社会的长远利益，也是目前我们所必须思考和解决的一个重大命题。

文明史已经给我们提供了很多宝贵的启示。古代文明的兴衰，种种现实的危机和灾难，都引导我们必须认真思考并珍惜环境资源。在民族及国家的背景下，如何以创新的态度来深入挖掘我们所拥有的文化才能更好地适应环境变化，将文化发展与环保紧密结合起来，这样才能让环境、文明和文化三者之间形成良性互补，达成全面可持续发展的目标。

因此，我们需要在文明和文化的发展中注重生态学内涵。具体而言，我们要利用科技创新手段来探寻如何在自然循环的基础上进行文明和文化的发展，进而推动太阳能、风能等可再生能源发展，减少对传统产业的依赖，实现节能减排。

同时，我们也需要保护自然资源，妥善处理工农业废弃物、纺织品、食品包装等生活垃圾，减少环境污染。强调环保意识教育和乡村环境修复，改善生态环境，提高整个社会的环保意识，在激励企业绿色生产和社会层面开展可持续发展实践等方面采取全面有效的行动。从长远来看，人类社会不能只考虑经济发展，而是应将环境保护和社会责任紧密相连。只有这样，才能够实现文明和文化的生态学内涵发展，保持生态文明和人类社会的可持续发展。

文明和文化是人类最宝贵的财富，保护好环境才能让它们能够在健康的生态条件下得以继续发展。应该强调并贯彻生态学的内涵，加强环保意识并采取具体行动，以确保子孙后代也能够享受到健康安全的环境和繁荣昌盛的文明文化。

第二节　弘扬中国生态文化传统

一、弘扬生态文化是建设生态文明的重要抓手

生态文化的弘扬对于解决我国日益严峻的生态环境问题具有重要意义。我们深入分析了导致生态环境恶化的根本原因，发现缺乏生态观念和生态意识是其中最主要的因素。这并不仅仅是个别人的行为结果，

而是整个社会普遍缺乏生态保护意识的集体后果。因此，我们必须从根本上弘扬生态文化，唤醒人们的生态意识，树立正确的生态观念，推进生态文明的建设。

弘扬生态文化是建设生态文明的必然要求。我们需要以弘扬生态文化为抓手，推动社会各界普遍形成关注生态环境的共识。通过教育和宣传，提高广大民众的生态意识水平，让每个人都认识到保护环境是我们共同的责任。

建设生态文明需要从根源入手，改变民众普遍缺乏生态意识和生态观念的现状。我们可以通过加强生态教育，引导人们了解生态系统的重要性，培养对自然环境的敬畏之情。同时，要加强法律法规的制定和执行，落实环境保护的责任，从政府、企业、公众等多方面合力推进生态文明建设。

弘扬生态文化不仅仅是个体行为，更是全社会的共同行动。只有通过广泛而深入的生态文化传播，才能将人们的生态意识和生态观念提升到一个新的高度。只有在全社会形成共同的生态价值观，我们才能真正建设起生态文明，建设一个绿色、健康、可持续发展的美丽中国。

弘扬生态文化是建设生态文明的重要抓手，我们每个人都应该积极参与其中，共同为建设美好的环境和可持续的未来努力。让我们从现在开始，从点滴做起，共同弘扬生态文化，为实现绿色发展、可持续发展做出积极贡献。

二、中国传统生态文化的重要意义

中国各民族优秀传统生态文化的重要意义体现在多个方面。

首先，这些生态文化蕴含着对自然环境和生态系统的深刻认知，提供了宝贵的生态智慧。通过与自然环境的长期相处和适应，各民族积累了丰富的经验和知识，形成了独特的生产生活方式与文化。这些生态智慧体现了“天人合一”和“道法自然”的观念，强调人与自然的和谐共生关系，为我们当代人更好地理解、保护和利用自然资源提供了重要的借鉴。

其次，各民族优秀传统生态文化所蕴含的生态哲理也具有深远的意义。其中，“仁民爱物”和“万物一体”的思想表达了对自然界万物平等、和谐相处的价值观。这种生态哲理鼓励人们尊重自然、保护生态环境，促使人们追求与自然共生的方式，避免过度开发和破坏自然资源。这对于推动可持续发展、实现人与自然和谐共存具有重要指导意义。

此外，各民族优秀传统生态文化中的生态准则也对于我们塑造良好的生态伦理和价值观具有积极作用。其中，“知足知止”和“惜物养德”的理念强调了节约资源、保护环境的重要性。这些准则在当代社会仍然具有重要的借鉴意义，提醒我们要树立适度消费、绿色生活的理念，培养珍惜资源、保护环境的行为习惯。

充分挖掘和弘扬各民族尊重自然、顺应自然、保护自然的生态文化，对于建设人与自然和谐共生的现代化具有重要推动作用。我们应当深入学习和传承这些生态文化的精髓，将其融入现代社会的发展和管理中，以促进可持续发展、保护生态环境，实现人类与自然的可持续共存。

三、中国传统生态文化中蕴含的思想智慧

随着经济和社会的快速发展，人类正在经历一个严峻的生态危机时期。作为人类命运共同体一分子的中华民族，需要迅速反思，探寻具有中国特色的生态文明建设之路。中国传统生态文化是中国生态文明思想的根基。中国自古以来就是一个富有生态文化的国家，其传统生态文化流传至今，既具有记忆中的历史及陈年老物品，同时也体现在人们的思想和行为习惯中。中国传统生态文化浩如烟海，内容极其丰富，但其基本内容大致体现在以下三个方面：

（一）传承“天人合一”思想，提出“人与自然和谐共生”的思想

“天人合一”的思想起源于中国的《易经》，其中所提到的“大衍之数五十，其用四十有九”“天地定位，山泽通气，雷风相薄，水火不相射”等概念，都代表了一种深谙自然规律的智慧体系。此种规律需要通过对自然的认知，去借鉴上天的智慧并进而运用于人类社会发展，才可实现“天人合一”，使得人类社会与自然环境相互协调平衡。

“天人合一”是中国古代哲学思想中的重要理念，它主张人类和自然是不可分离的整体。在传统文化中，“天”代表自然，“人”代表人类，而“合一”则意味着二者之间的和谐共处。这一思想已经渗透到日常生活中。

这种“天人合一”的观念也在中国文化中扮演着重要的角色。例如，

中国的传统园林文化便是“天人合一”思想的典型体现。正如在苏州拙政园中，设计者通过精湛的雕刻及布局，将自然景观与人工建筑完美地融合在了一起。这种集人文、自然和哲学思想于一体的园林范例体现了中国古代人们对社会和自然亲密关系的理解和表达。

在当今社会，这一理念被发展为“人与自然和谐共生”的思想，它强调了人类在社会、文化和经济发展中应当与自然环境保持和谐，在开展人类活动的过程中，与自然环境相互促进，实现共同繁荣。以此为基础，中国生态文明建设需要强调可持续性的概念，引导人们养成节约资源、保护环境的习惯。

（二）传承“敬畏生命”思想，提出“尊重自然、顺应自然、保护自然”的思想

中国传统文化中“敬畏生命”的理念，强调人们应该对生命保持敬畏之心，即认识到生命的可贵和脆弱，并且在作出任何决定或行动时应考虑到生命的价值与安全。这一理念也被运用在生态文明建设中，转化为“尊重自然、顺应自然、保护自然”的思想，“尊重自然”强调要去欣赏大自然的美妙与神秘，更要去体味自然法则以及秩序与平衡。“顺应自然”则是告诉要根据自然规律去进行行动与创造，量力而行。“保护自然”则是要求保护生态环境和生物多样性，建立生态文明。

中国传统生态文化中重视生态平衡，从而在保护自然环境与生态系统方面发挥了重要作用。在当今社会，保护生态环境尤为重要。生态环境对人类活动的影响愈发显著，已经变成了人类生存和发展的重要支撑，同时也是人类在这个星球上最大的宝藏之一。因此，需要从传统思想中汲取灵感，秉持敬畏生命的信念，并将其转化为对自然环境进行保护和管理的实际行动。

（三）传承“取用有节”思想，提出“取之有度，用之有节”的思想

“取用有节”是中国古代的一个在社会文化中被普遍接受的概念，其主要意思是取之有度，用之有节，不可过分铺张、浪费。一些从古至今的谚语和口号既表达了人民生活的喜怒哀乐，同样也传承了“取用有节”的思想，在生态环保方面起到了重要的作用。例如，“谷穗虽贵，不

如草木充肥”，这些传统谚语都表达出不浪费资源的重要性。

在中国传统文化中，“取用有节”的思想贯穿于生活的方方面面，表现出来的不仅仅是一种节俭的生活方式，更是一种对资源的尊重和珍惜。例如，古代的中国农民会在土地里种出多种作物，而不是大量种植单一种类。这样不但保障了农民的经济收入，同时也保护了生态环境的多样性。

在当今全球生态环境面临严峻挑战的情况下，回归传统生态文化思想，发扬天人合一、敬畏生命、取用有节等理念，是必须要认真思考、积极实践的重要途径。其中重视人与自然的和谐相处，注重节约资源的理念将成为新的发展方向，在实践中注重保护生态环境，倡导绿色生活方式，以此来应对人类社会与自然环境之间的关系难题，实现更加可持续和平衡的发展。

在中国传统文化中，始终倡导的是取用有节的理念。在古代，随着历代统治者治国思想、文化习俗的不断发展，对于自然资源的可持续利用已经渐渐形成了一些规范和约束。许多文化传统，如推崇朴素、节俭、环保等，已经被传承至今。这一理念也被运用于生态文明建设中，转化为“取之有度，用之有节”的思想。这一理念强调将保护自然与经济发展相结合，鼓励人们恰当地利用有限的资源，降低对自然环境的破坏，避免资源浪费。在实践中，需要坚持合理利用每一片土地和每一滴水，并且采取切实措施减少污染，并保障生态系统的平衡和稳定。

总的来说，中国传统生态文化是中国生态文明建设的重要根基。这种文化是充分尊重自然、顺应自然的思想观念所共有的，这些看法已经渗透到中国人的日常生活中。随着时代的变迁，这种生态文化已经升华发展为“人与自然和谐共生”的理念，“尊重自然、顺应自然、保护自然”，以及“取之有度，用之有节”的思想。这些认识已融入中国生态文明建设的顶层设计、方针政策、法规制度和社会价值。只有更加深入地汲取传统智慧，秉持它们的基本原则，才能让未来的世代继承这项文化遗产，从而构建起健康可持续的生态文明。

四、汲取中国传统生态文化中蕴含的思想智慧，落实中国生态文明思想，推进生态文明建设

汲取中国传统生态文化中蕴含的思想智慧，弘扬社会主义生态文明

建设理念，是必须推进的重大事业。中国的生态环境已经面临着巨大挑战，如何保护生态环境，建设和谐美丽的中国，一直是摆在面前的一项重要任务。

（一）必须汲取"天人合一"的智慧，坚持"人与自然和谐共生"的基本理念，实现人与自然和谐发展

中国传统生态文化中的"天人合一"思想是古代先贤所提出的一种观念。这种思想认为，天地万物都是一个整体，自然界与人类应该相互依存、相互促进。如果人类不尊重自然，自然就会对人类进行报复。因此，人类应该尊重自然，珍视自然资源，以和谐的心态与自然相处，达到"人与自然和谐共生"的目标。这种思想也是现代社会生态环境保护的理念基石。

在实际工作中，应该秉持"天人合一"的理念，尊重生态环境与自然资源。要在生产、生活等各个方面寻找生态环保的可行之路，努力推进绿色化经济，实现低耗能、高效益的经济发展。要强化对未来的思考，不断探索人类与自然生息共存的新路径，从而建立更为和谐、健康与可持续的发展模式。

（二）必须"敬畏生命"，充分尊重自然，贯彻落实保护环境的基本国策，坚持走保护优先的绿色发展之路

"敬畏生命"的思想是中国传统生态文化的重要组成部分，它对保护和维护生态环境有着重要的影响。在传统文化中，人们注重对自然界及所有生灵的尊重，并从中找到了一种积极的激励方式，不是去主动征服自然，而是与之和谐共处，以求长期珍惜。例如，中国古代建筑往往会选用天然材料，如石头、木头，带有一种天然生态的质朴之美，其中就反映出了"敬畏生命"的思想。

此外，"敬畏生命"的思想还表现在人们对食物的态度上。中国人民从古至今一直推崇"吃饭打牙祭"，在餐桌上不舍得浪费，即便是一点点残羹剩饭也会视作珍馐佳肴，这正是中国生态文化中"取用有节"思想的体现。

中国传统生态文化中关于"敬畏生命"思想是深入人心的。尊重

自身的生命、尊重他人的生命，乃至尊重自然所有的生命，都体现了人与自然之间的相互依存和社会共同进步的理念。因此，应该强化自我保护意识和行为，同时也在社会层面上推进环境保护法律规定的贯彻执行。

应该充分尊重自然，妥善管理环境生态，并始终把“保护优先”作为绿色发展的基本方针。在生产、生活等各个方面，应该加强环保宣传，提高公众的环保意识。同时，还要建立健全环境保护工作的具体机制，如严格排污许可制度、推行工业园区环评等，从而确保环境保护措施执行到位，促进绿色发展。

（三）必须“取用有节”，珍惜自然资源，贯彻落实节约资源的基本国策，坚持走节约优先的可持续发展之路

中国传统生态文化中的“取用有节”的思想是一种人与自然和谐相处的重要原则。尽管自然资源丰富，但取之不尽、用之不竭是无法持久的。应该将资源利用与生态保护相结合，采取更加务实和可持续的发展方式。

需要遵循“节约优先、保护优先、自然恢复为主”的原则，推进可持续发展。应该在个人、企业以及国家层面压缩资源浪费，努力实现资源的有效回收再利用，逐步建立低碳生活和绿色生产的模式。

同时，要加强科技创新，积极研究环境保护、资源利用等领域的重点难点问题，推进技术进步和发展。

总结起来，汲取中国传统生态文化中的思想智慧，推进中国生态文明建设，是当前面临挑战的重要任务。通过“天人合一”“敬畏生命”“取用有节”等传统文化思想，落实生态文明建设理念，推动绿色发展，必定能够保护生态环境，实现人类与自然的和谐共生，建设美丽中国。

五、树立尊重自然、顺应自然、保护自然的理念，必须要抓住弘扬生态文化这个关键，建设生态文明

生态文明建设是当前重要的任务，它要求我们树立尊重自然、顺应自然、保护自然的理念。而要实现这一目标，弘扬生态文化是关键。人类的文化创造和发展是以文化的方式来生存和发展的，生态文化的兴起

是人类在认识和处理人与自然关系基础上发展起来的，它摒弃了“人类中心主义”思维，提倡人与自然和谐相处，承担起“人类命运共同体”的责任。

党的十九大报告中指出：“必须树立尊重自然顺应自然、保护自然的理念。”全面建成小康社会，实现中华民族伟大复兴，必须推动社会主义文化大发展大繁荣，兴起社会主义文化建设新高潮，提高文化软实力，发挥文化引领作用，教育人民、服务社会、推动发展。因此，繁荣生态文化、建设生态文明是实现“两个一百年”奋斗目标和中华民族伟大复兴中国梦的重大战略举措。

在推动生态文明建设的过程中，我们需要加强生态文化的培育和传承，将尊重自然、顺应自然、保护自然的理念融入教育、文化活动和社会实践中。通过开展宣传教育、举办文化艺术节、组织生态志愿者等方式，唤起人们对生态环境的关注和热爱，激发大众参与生态保护的积极性。同时，也应加强对生态文明建设的法治保障，制定和完善相关法律法规，加大对环境污染和资源浪费等行为的惩处力度，形成全社会共同推动生态文明建设的良好氛围。

总之，弘扬生态文化是建设生态文明的必经之路。只有树立起尊重自然、顺应自然、保护自然的理念，唤醒人们的生态意识，推动生态文明建设，我们才能实现中华民族伟大复兴的中国梦，共同创造一个美丽、和谐的生态环境。

第三节　加强生态文明教育

一、新时代生态文明教育的必要性

随着环境问题日益突出，加强生态文明建设成为中华民族发展的千秋大业，也直接关系着广大人民群众的切身利益。作为重要阵地和先进思想理念传播的重要殿堂，高校需要进一步强化生态文明教育工作，增强大学生的生态文明责任意识和生态环境保护意识。

值得关注的是，加强高校生态文明教育既是新时代生态环境保护的要求，也是全面落实“五位一体”发展思想的需要，同时也是大学生全方位发展的内在体现。

青年强则国家强,生态文明建设是“五位一体”总体布局之一“位”。对大学生进行生态文明教育可以满足人民美好生态需要,培养具有科学生态观和较高生态素养的建设者和接班人,是全面建成社会主义现代化强国生态之“位”的首要途径。

在现代社会,生态环境问题越来越受到人们的关注。为了建设美丽中国,确保人民群众的生命健康和身体安全,推进生态文明建设已成为国家的重要任务。在这样的背景下,创新大学生生态文明教育的必要性越来越凸显出来。

首先,创新大学生生态文明教育是实现高校“三全育人”的必要举措。当今社会,大学的主要任务不仅仅是传授知识,还要承担起培养德才兼备、具有社会责任感的优秀人才的任务。而生态环境是人类生存和发展的基础,所以培养具有良好生态道德和责任感的大学生是高校“三全育人”中的重要一环。

其次,创新大学生生态文明教育为实现人与自然和谐共生的现代化赋能。生态文明意识是当今社会迫切需要培养和提高的能力之一。大学生作为即将参与社会生产、经济、文化建设和环境改善的人才,必须具有以生态为核心的全球化视野和素质,养成正确的生态保护意识和文明行为习惯,为推进“绿色发展”贡献力量。

最后,创新大学生生态文明教育是培育时代新人的现实路径。青年一代是国家未来发展的生力军,他们的价值观和行为方式对社会进程和文化氛围起着至关重要的影响。创新大学生生态文明教育可以激发大学生的环保意识,建立起正确的自然观念,树立爱护自然、保护环境的信仰和理念,培养具有生态文明素养的时代新人。

综上所述,创新大学生生态文明教育是解决具有鲜明时代特点的生态问题、满足人民美好生活需要、促进高校教育发展的客观要求。在实践中,可以通过多种途径和形式开展相应教育活动,包括课程安排、实践活动、社会服务以及生态志愿者等多个方面。期望未来的大学生能够成为表率,更好地传承和发展生态文明。只有这样,才能够共同建立和谐的社会环境,并实现人与自然和谐共生的目标。

作为新时代的青年大学生,应该认识到生态文明教育的重要性,积极投身于环保实践中。在所处的校园里,也需要创新生态文明教育的模式和方式。有关部门可以采用互联网技术、数字媒体等手段,借助社交平台、微信公众号等渠道，综合调动各方资源，营造浓郁的生态文明氛围。同时，还应建立一个完善的评价标准，对这些活动达成的成果进行客观评价和公开展示，激励更多的大学生积极参与到生态文明建设中来。

除了校园内部，生态文明教育还可以延伸到社会。学生可以通过参与社会志愿者活动、参观生态博物馆、体验农耕文化等方式，增强环保意识，了解自然奥秘，从而推进生态文明建设的广泛发展。毋庸置疑，生态文明是当代全世界面临的最重要的问题之一，所有人的共同努力才能使之成为现实。

在这个建设生态文明的历史进程中，青年大学生必须具有强烈的责任感和使命感，积极投身到生态文明建设中去。施行创新大学生生态文明教育是为了推动生态文明的发展，更是为未来的幸福生活打下坚实的基础。只有通过全社会的共同努力，才能为人类创造一个更加美好、更加可持续的环境。

二、新时代生态文明教育的价值诉求

首先，加强高校生态文明教育是新时代生态环境保护的要求。在当前世界日益严峻的生态问题背景下，我国的环境保护形势更是异常严峻。尤其是这些年来频发的雾霾事件，让人们对环境质量的关注度空前提高。作为整个社会未来的中坚力量，大学生应肩负起维护和改善环境的责任。只有坚定不移地加强高校生态文明教育，才能全面培养大学生的生态环境保护意识，营造良好的生态环境保护风尚，从而为保护生态环境贡献自己的一份力量。

其次，加强高校生态文明教育是全面落实“五位一体”的需要。当前，“五位一体”发展思想早已成为国家发展统一战线的推动方向，是实现生态文明建设的重要途径。在这个背景下，大学生的素质提升也应当与“五位一体”统一战线紧密结合，方能共同推进实现社会和生态效益的双赢。根据这种要求，高校生态文明教育就显得尤为重要。只有通过将生态文明教育融入到整个高校教育体系当中，才能促进“五个一体”的整体协调发展，更好地服务于社会的长远发展。

最后，强化高校生态文明教育是大学生全方位发展的内在体现。众所周知，高校培养的不仅是各类专业人才，更是社会发展的中坚力量。

为确保这些人才能在日后完美崛起，并为社会带来最大的价值，生态文明教育就显得尤为必要。当大学生学会了珍惜资源，学会了爱护环境，懂得了保护生命、保护自然的重要性时，他们对于未来成功的发展也会有更加清晰的思考。同时，这些个人观念和意识也将融入到社会问题的解决之中，有效促进跨领域的综合发展。

总体而言，新时代高校生态文明教育的价值诉求不仅仅是一个伟大的理论，更是一个应当长期实践的重要工作。加强生态文明教育，对于每一位公民、每一个家庭、每一个单位和组织而言都发挥着至关重要的作用。高校在这个发展进程中更承担着应有的责任和使命。

对此，高校在加强生态文明教育方面可以把握以下几点：首先，应该加快生态文明建设与高校教育体系的融合，确保实际应用。其次，大力完善生态文明教育的具体措施，充分发挥高校课堂、社会实践等平台的作用。最后，加强高校师资队伍建设，推动教育质量的全面提升。

在当前社会背景下，加强高校生态文明教育的价值意义不言自明。未来的时代再次需要共同努力，落实这个宏伟的发展目标，以保护生存环境和未来。

三、新时代生态文明教育的创新路径

随着社会和环境问题的不断加剧，生态文明教育成为一个全球性的议题。作为一群充满生命力和创造力的群体，大学生应该承担起更加重要的责任，积极参与到生态文明建设中来。在这样的背景下，如何创新和优化大学生的生态文明教育，以鼓励更多的人积极参与到保护环境、建设生态文明的行动中来，是面临的重要问题。

（一）以生态文明学校教育为主导，压实大学生生态文明教育创新责任

学校作为教育的主阵地，同时也是青年大学生的精神家园，承载着塑造大学生终身价值观、提高环保意识的重要任务。为此，学校应该通过开展有针对性的环保活动和环保课程，来鼓励大学生积极投身到生态文明建设中来。在这个过程中，应该注重引导大学生从自身做起，培养他们的自我责任意识和自我修养，让大学生意识到环保是一种态度，而

非一时行为。通过这样的方式，可以切实压实大学生生态文明教育创新的责任。

（二）以生态文明社会教育为补充，营造大学生生态文明教育的良好环境

除了校内教育之外，社会教育也是优化大学生生态文明教育的另一个重要途径。社会组织、企业和政府等方面应该通过各种方式营造浓厚的生态文明氛围，引导大学生从实践中感受到环保行动的重要性和意义。同时，在推广环保理念、方案和经验的过程中，还需要创新宣传模式，通过互联网等多媒体渠道，让更多的人了解到环保的重要性和实际价值。

（三）以生态文明自我教育为主体，挖掘大学生生态文明行动力

生态文明教育虽然需要学校和社会各方的有力引领和支持，但最终能否真正落地，还要靠大学生自身的自我教育。由此，在完善大学生生态文明教育方案的同时，应该注重提高大学生自我修养和综合素质，大力培养他们的环保意识和行动力。只有注重发掘大学生内在的生态价值观和环保愿望，才能真正激活他们参与生态文明建设的行动热情。

总之，新时代大学生生态文明教育创新进路是多元化的，需要学校、社会、个人等多方面的积极参与和推动。通过优化生态文明教育，可以培养出更加环保、文明、责任心强的大学生群体，为实现现代化建设和生态文明的发展做出杰出贡献。

四、新时代生态文明教育的路径选择

随着社会的发展，人们对于生态文明建设的重视逐渐增加。高校大学生作为未来的主力军，在生态文明教育方面有着特殊的使命和责任。因此，在新时代下，如何选择一条适合高校的生态文明教育路径就显得尤为重要和紧迫。

（一）利用网络新媒体，做好生态文明教育宣传工作

随着互联网技术的不断发展，网络已经成为人们获取信息、交流思想的主要场所。高校可以充分利用网络新媒体，将生态文明教育的宣传和普及工作做得更加广泛和深入。

首先，可以建立生态文明官方网站、公众号、微博等平台，定期发布生态文明建设动态、学术研究成果、教育实践经验等内容，不断扩大生态文明知识的传播范围。

其次，可以采用网络直播、短视频等形式，举办生态文明公益讲座、环保实践活动等，吸引更多的人关注和参与生态文明建设。

最后，可以利用新媒体工具，开展生态文明互动体验活动，让广大师生在游戏、竞赛等形式中更好地理解和掌握生态文明理念和知识。

（二）利用课堂主阵地，将生态文明思想贯穿于教育教学过程

高校课堂是师生交流思想、传承文明的主要场所。因此，将生态文明思想贯穿于教育教学过程，对于提高学生的环境意识和责任感具有重要意义。

首先，可以在相关课程中加入生态文明教育内容，引导学生认识生态环境的重要性、了解物种多样性、掌握可持续发展理念等。

其次，在教学过程中，采用案例分析、小组讨论等教学手段，激发学生的环保意识和自觉意识，主动参与到生态环境保护中来。

最后，可以推进绿色校园建设，将生态文明教育延伸到校园管理和运行中，增强师生的生态责任感和环保意识。

（三）建立生态文明教育体系，努力做好生态文明教育的顶层设计

生态文明教育是一项系统性的工程，要想取得实质性成果，必须在制度层面上作出相应的安排和规划。因此，需要建立完善的生态文明教育体系，做好生态文明教育的顶层设计。具体而言，可以加大生态文明教育学科体系的建设力度，推进生态文明教材编写和教师培训工作，形成生态文明教育的先进理论和实践成果。此外，可以建立生态文明教育

课程体系，制订具体的教学计划和考核办法，确保生态文明教育在课程设置、教师评价、学生考核等方面得到充分体现。还需要加强生态文明教育的政策支持和社会宣传，形成全社会关注生态文明、共同推进生态文明建设的氛围，为高校生态文明教育的深入发展提供有力保障。

综上所述，新时代下高校生态文明教育的路径选择有着多个方面。借助网络新媒体宣传、将生态文明思想贯穿于教育教学过程、建立生态文明教育体系，可以使生态文明理念更加深入人心，让环保意识和责任感在师生中形成共识。此外，高校还可以发挥示范作用，引领全社会共同关注生态文明建设，为构建美丽中国献力献策。

第七章　新形态：大力构建生态社会体系

在走向社会主义生态文明新时代的征程中，按照总体布局的系统思路，党的十九大将“美丽”明确地写入到了党在社会主义初级阶段基本路线中，号召为把我国建设成为一个富强、民主、文明、和谐、美丽的社会主义现代化强国而努力奋斗。

第一节　建设美丽生态城市

随着全球气候的变化和人类活动的扰动，生态学成为21世纪最重要的科学之一。但是，并不是所有人都理解生态的科学内涵。生态学是研究生物体与环境之间相互作用和依存关系的科学。简单来说，它关注的是生命之间，以及生命与地球之间的关系。生态学强调了整个生态系统的联合体，即生物圈的概念。也就是说，生态学研究的是生物圈中所有生命体之间以及与外部环境之间的关系。生态学是一门科学，其确立是因为我们需要更好地理解自然与生物之间的关系。通过研究这种关系，我们可以更好地保护生态系统，保护地球，确保人类有一个可持续的未来。此外，大量的生态数据需要分析和应用处理，这也让生态学成为一门必不可少的科学。

为了更好地理解生态的科学内涵，我们需要了解生态学的基本原则。生态学的基本原则有以下四个：

（1）能量流：所有生命都需要能量进行生长和生存。能量在生态系统中被转移，但不能被循环使用。

（2）养分循环：养分是生命必不可少的要素，它们可以通过环境中其他生物的代谢进行循环使用。

（3）生物多样性：自然界的生物种类非常繁多，这些生物都有其独特的功能和作用，对于生态系统的平衡非常重要。人类活动会破坏这种平衡。

（4）互惠共存：生态系统中的生命体之间存在着相互作用的关系，它们互相依存，必须共同维护生态系统的稳定。

在解释完生态学的基本概念和原则以及生态列为科学的原因后，我们来探讨生态的科学内涵。生态的科学内涵主要包括以下几个方面：

（1）环境的改变会影响生命：我们所处的环境会对我们的生存产生重要的影响。过度砍伐森林或者过度使用化肥会导致土壤贫瘠，环境的恶化也会影响动植物的生存。

（2）生物种类的多样性和重要性：自然界中有大量的生物种类。它们都有其独特的功能和作用。应该保持生态系统的多样性，否则可能会造成灾难性后果。

（3）能源的使用和消耗：能源是人类文明发展的基础，但是我们必须认识到能源是有限的。因此，我们需要找到可替代的能源，并且在能源的使用方面需要更加节省。

（4）可持续发展：生态学告诉我们，需要坚持可持续发展。

一、生态环境美：对自然干扰最小的生态城市

现代城市化进程中，许多城市不可避免地以人为中心，大规模工业与交通的发展带来了极大的生态破坏。如何将城市和自然紧密结合，创造一个生态环境优美的城市空间已成为当今城市发展的必然趋势。经过长期的探索和实践，人们逐渐意识到了把城市轻轻放入大自然中的理念之美、遵循城市发展规律的成长之美及城市景观设计的野草之美等方面的重要性。

（一）把城市轻轻放入大自然中的理念之美

城市规划时需要考虑到自然环境的保护，建设具有“舒适、安全、永续”的城市。生态城市需要在城市地貌和植被上尽可能避免改变地理环境自身的条件，充分利用城市公园、绿地等自然资源以提供基本的饮

水、净空、耕种等需求。

图 7–1　花园城市概念图

（二）遵循城市发展规律的成长之美

城市规划应从宏观上了解城市发展的规律，并结合实际情况和未来发展趋势，制订长远的规划。为了更好地考虑未来的城市规划，城市必须充分关注生态、经济、社会等方面的可持续性，并建立相应的管理机制。例如，芬兰赫尔辛基岛上的新建区域规划中，强调了尽可能保留自然、完善生态文化的理念，全面考虑了居民需求以及生态保护和可持续利用的平衡。

（三）城市景观设计的野草之美

城市的景观呈现在人们的生活中，对个人和公共利益都非常重要。把规划、设计和运营过程中的生态环境融入景观使其具有高度的艺术价值、生态价值和文化价值。比如，在中国，位于福建省厦门市的鼓浪屿，以其简约自然的欧陆风情和美丽的自然风光闻名。鼓浪屿上，小桥流水、松林翠竹，配合着建筑美学给人们带来一种自然环境下独特的文化体验。

图 7-2　鼓浪屿俯拍

图 7-3　鼓浪屿

以上，我们可以看到，将城市与自然环境紧密结合是现代城市发展的一个重要方向。建设生态城市应该注重遵循城市发展规律，整合城市资源和社会资源，以实现最佳可持续性。创造一个具备“舒适、安全、永续”的自然环境，也许在未来城市发展中会成为一种新的生活方式；而今天的我们，需要更加关注生态保护，以让城市和自然环境之间的关系更加紧密地结合在一起，创造出对自然干扰最小的生态城市。因此，我们应该逐步摒弃建设一个“孤岛式”的城市，改变以往的传统规划理念，开拓新的思路和路径，以实现城市生态环境优美化的目标。

正所谓“水滴石穿，绳锯木断”，只有人们积极行动，通过对城市发展规律的深入研究和生态环境的有效保护，才能够营造出真正意义上的生态城市。随着科技和环保意识的普及，越来越多的城市开始积极探寻生态环境保护的新路子。希望今后有更多地方能够借鉴先进的经验，与时俱进地推动城市发展,打造出更加灵活、更加优美、更加可靠的生态城市,为人类提供一个更宜居、更健康的绿色家园。

二、空间布局美:紧凑绿色的田园城市

在当今城市化进程不断加速的背景下,更多的人开始重新思考如何建设美丽宜居的城市空间。空间布局美是现代城市设计的核心和灵魂之一,紧凑绿色的田园城市,作为一种新型城市化发展方式,兼具土地集约利用、城乡和谐共生等诸多优点,正逐渐受到人们的关注和认可。

(一)土地集约利用的紧凑之美

与传统城市相比,紧凑绿色的田园城市强调土地集约利用的理念,通过高密度建设和优化空间布局,使城市的人口、经济和社会资源得到最大限度的利用。这种模式对于缓解土地资源紧张的问题非常有益,在人均居住面积较小的情况下,仍能保证人们拥有良好的生活质量。

同时,紧凑的城市形态还可以有效地缩短人们出行的距离,提高交通效率,减少交通堵塞和碳排放等问题,从而实现可持续发展的目标。因此,土地集约利用的紧凑之美是紧凑绿色的田园城市的核心特征之一。

(二)以都市农业作为隔离带的绿色之美

紧凑绿色的田园城市强调以都市农业作为隔离带,通过小规模的耕种和养殖等方式,将城市内的空旷地带有效地利用起来,保护城市生态环境。

这种绿色之美不仅可以净化城市空气、水源,还可以提供城市居民新鲜、有机、健康的膳食,改善人们的生活质量。同时,以都市农业为核心的城市规划也可以减少城市人口对外界资源的依赖,实现资源循环再利用,推动城市可持续发展。

（三）有开阔农地空间环绕的田园之美

在紧凑绿色的田园城市中，开阔的农地成为城市美的象征。这些农地不仅拓展了城市空间，还为城市居民提供了大片的绿色景观和广阔的视野，让人们可以更好地享受自然的美好。

此外，开阔的农地还是豁达的心灵净土，是人们远离城市喧嚣、回归自然的理想场所。这种田园之美让人们感受到生命的源泉和自然的力量，使人们更加热爱自然、关心环境，推动着城市建设和人类文明的不断进步。

紧凑绿色的田园城市以其集约利用土地、打造绿色屏障、保护城市生态、拓展城市空间等优势获得了广泛的认可。我们可以从中发现，协调城市土地、资源和环境的关系，是现代城市化建设不可忽视的问题；紧凑绿色的田园城市为我们提供了一种可持续发展的新型城市化模式，这种模式不仅能够满足人们对于城市生活和环境质量的要求，还有助于城市可持续发展的目标达成。

未来，随着城市化进程的不断推进，建设紧凑绿色的田园城市将成为城市规划和设计的重点之一。同时，建设这种城市化模式需要多部门、多方合作，充分发挥政府、企事业单位和市民等不同主体的作用，共同推进城市化发展，共建美好的城市空间。

总之，紧凑绿色的田园城市的美观性和环保性构成了现代城市化发展的新趋势，它既满足人们的需求，又与自然环境和谐共存，为城市建设注入新的活力和希望，又带给人们对美好未来的展望。

三、功能结构美：混合多样的活力城市

（一）功能混合多样之美

城市中不同的功能区域相互交错，形成了一个充满活力的生态系统。市场、住宅、公共设施和办公区紧密相连，这种设计方案打破了传统城市的封闭局面。例如，商业区不再仅仅是购物中心，它已经成为各种文化、艺术、体育等场所的聚集地。这些区域的混合使用使城市呈现出

了更为立体和多样的面貌。

（二）居民混合之美

城市生活不再只是简单的工作和居住，居民们也可以在城市中分享文化、娱乐和社会服务等资源。这种生活方式对社区治理、商务拓展以及碳中和等问题都提供了可持续的解决方案。同时，居住状态的多样性也满足了不同人群的需求，让城市更具包容性。比如混合型住宅区，将居住与商业、文化等功能结合起来，人们可以在自己家门口享受丰富多彩的文化活动和服务。

（三）建筑多样性之美

城市建筑的多样性也为城市带来了新鲜感。设计师们不再关注曲线、尖顶、装饰和大规模总体规划，而是强调建筑与环境和谐相处。比如，垂直森林建筑能够提供高品质的绿色空间，使居民在繁忙都市中得到更多的放松和舒适。同时，融合了新材料、新技术和新概念的现代建筑也使城市呈现出了崭新的面貌。

总之，多功能性、多样性和集成性已经成为现代城市发展的重要特征。城市将不再是一成不变的单一结构，而是形态多样、特色突出的复合型城市。随着城市的功能多样化，各类不同的户型也能让人们更好地享受城市的便利。这种开放、立体、充满活力的城市给我们带来了更广阔的生活空间，也为城市提供了持续发展的动力。

不过，这种混合多样的活力城市也为城市治理带来了新的挑战。应考虑如何游刃有余地协调不同利益群之间的冲突，如何平衡商业、住宅和公共设施的需求，如何确保城市安全和公共服务的高效运行等。这需要城市管理者和规划者加强沟通协调，制订出更加长远和完善的城市发展规划。

在建设混合多样的城市中，我们也需要重视对城市文化的传承和保护。各种新兴的设计概念和技术的引入，不能完全取代城市的历史文化和传统习惯。我们需要更好地关注城市文化的多样性、独特性和可持续性，让城市更好地融合发展。

在实现城市发展和改善城市生活质量的过程中，混合多样的活力城市被越来越多的人所接受和推崇。它不仅充分满足了现代城市发展的要求，而且能够为居住者带来更加便利、舒适和多彩的生活体验。我们期待着未来的城市将会更加多元、美丽和宜居，让人们的生活更加幸福、健康和有质量。

四、人性化设计美：适宜步行的优质视平层面城市

在城市建设中，将步行作为交通出行方式的推广和落实已经成为一种趋势。而适宜步行的城市则能够让人们更加愉悦地享受到步行的便利以及城市层面内的生机活力。在设计城市时，我们应该注重适宜步行这一维度，从而实现适宜步行的目标。

（一）“窄而密”路网结构的安全便捷之美

城市街区的结构是影响步行者出行便利程度的关键因素，适宜步行的城市根据不同街区特点可采用不同路网结构，其中“窄而密”的路网结构是比较常见的。这种路网结构使相邻街区之间距离更短、道路宽度更窄，在人行道与街道之间设置极低的台阶，方便人们步行，通过步行可以到达商业区、居住区等不同的区域，从而提升城市步行旅行的便利性。在紧凑的街区中，不仅会增强社区居民的互动性，还会减少车辆通行，提高行人安全感。这种路网结构下可减少城市空间浪费、增加人与人之间的联系以及跨代交流和互动等优美之处。

（二）小尺度街区的生机活力之美

在适宜步行的城市中生机活力十分重要，如景观绿化、街头商业、文化活动等，这些不同元素可以让步行者感受到不同的场景、氛围和文化，增加人们对街道的归属感，从而提高步行的舒适度与满足感。小尺度街区具有丰富的个性特征，房屋建筑形态多样，更容易适配成各种商业形态，同时也弥补了大街大道枯燥单一缺乏情趣的缺点。

不难想象，步行于此处的人可以感受到荡漾的温馨，相互之间的关系也变得更有温度。

（三）人性化维度的视平层面之美

适宜步行的城市应该从多个人性化维度来考虑，如道路照明、便民设施等。我们可以在不同的行人路段安置景观小品、坐具等，通过细致入微地布置市民常用设施，增加公共领域的可利用率，以及各种私密性的需求保护需要。快速的升降设施如电梯、自行车容纳站等也能极大改善居民出行的舒适性与效率。我们还可以在街角设置墙壁储藏柜、垃圾桶和公用电话等，为市民生活带来贴心便捷的服务。这些设计元素虽然看似微不足道，但能够直接影响市民在城市步行旅行中的感受与体验。

适宜步行的优质视平层面城市，不仅能够提高人们的便利性，还可提升城市的整体形象和品质。作为城市建设发展过程中的崭新尝试，适宜步行的平面设计更是赋予社区居民全新的生活方式和价值。

综上所述，适宜步行的城市街区更容易在品质上胜出，这种城市里人们步行、自行车、公交等非机动车出行方式备受推崇，并且，更具人性化的路网与小尺度街区结合，在互通有无中逐渐打破突变现象。据此，在未来城市的建设中，人性化的平面设计将会变得越来越重要，而这些微小的设计巧思之处也许会因其匠心独运而名显天下。

第二节　建设美丽乡村

一、美丽乡村建设的指导思想

按照实施乡村振兴战略的总体要求，秉承创新、协调、绿色、开放、共享的新发展理念，深入学习推广浙江“千村示范、万村整治”工程经验，以改善乡村生活条件、转变乡村发展方式等为目标，以村庄规划建设为先导，以乡村环境生态综合整治和推动城乡基本公共服务均等化为基础，以整合涉农项目资金为推手，强化特色产业支撑，努力让广大乡村群众过上富裕文明的美好生活。

二、美丽乡村建设的建设标准

按照净化、洁化、绿化、亮化、美化、序化“六化”和环境秀美布局优美、产业精美、生活富美、服务完美、社会和美“六美”的要求，深入开展农村水环境整治，突出抓好重要节点建设，进一步优化村庄建设布局。

在实现环境秀美乡村创建的目标下，我们应当深入开展农村水环境整治工作，特别注重抓好重要节点建设，以进一步优化村庄建设布局，突显村庄的特色。

为了实现乡村的“六化”要求，我们需要大力推进水环境治理、养殖污染治理、户厕改造、村道硬化等项目。其中，水环境治理是重中之重。我们要加强对村道沿线水体沿岸、活动场所、农户庭院、房前屋后的绿化、美化、净化、洁化工作，鼓励种植香樟、桂花、胡柚等乡土树种，同时还要加强安置点和新建房的粉刷和生活污水设施建设，从而打造出一个清新宜人的乡村环境。

除了环境的改善，我们还要加强村庄规划建设管理，推进危旧房改造，拆除破旧房屋和违法建设，以打造一个宜居、宜业的乡村环境。同时，要加快空心村整治工作，引导农民按照合理的布局规划建房，促进人口向中心镇（村）聚集，推动乡村的产业发展和经济繁荣。

此外，我们还需要加强村庄规划建设管理，结合“三改一拆”工作，有序推进危旧房改造，拆除破旧房屋和违法建设，力争打造出一个“无违建”的乡村。同时，我们也要加快空心村整治，引导农民按照合理的布局规划建房，促进人口向中心镇（村）聚集，实现人口和资源的集约利用。要加强宣传和培训工作，提高农民对环境保护和村庄建设的意识，鼓励他们积极参与到乡村建设中来，共同营造出一个美丽、和谐的乡村生活。

加快发展现代农业，是促进农村经济发展、增加农民收入的关键举措之一。粮食生产功能区和现代农业园区建设作为平台，能够推动农业规模化、标准化和产业化经营的发展。同时，鼓励农民从事来料加工、农家乐等二、三产业，大力发展“一村一品”、家庭农场、乡村休闲旅游等特色产业，进一步提高农民的收入水平。

为了确保低收入农户的收入倍增计划能够扎实推进，需要进行易地搬迁和农民素质提升等工程。此外，完善土地流转机制，促进农民持续增收。为了提升农村社会管理水平,应深入实施"三民工程"标准化建设,并坚持"三个一"村级工作运行机制。同时,要加强基层组织建设工作,不断提升村级组织和干部的社会管理能力。在平安维稳工作方面,要完善基层网络建设和社会矛盾纠纷协调处置机制,深入推进"平安村""法治村"建设,逐步实现平安维稳长效化。

通过以上措施的实施,能够进一步推动农村经济的发展,提高农民的收入水平,改善农村社会事业的发展,实现农村的全面进步和繁荣。

三、美丽乡村建设的基本原则

当今社会,城市化的发展加速了同城区域、城乡接合部的人口、资金相对集聚。南京、杭州等周边城市的发展不断扩张,常山县这样的外围区域也自然要承受更多的人口转移和经济压力。在这种情况下,产生一个问题:我们如何能够利用县域总体规划、村庄布局规划和土地利用总体规划来科学编制美丽乡村示范村和风景线建设规划,细化美丽乡村行动点、线、面的区域布局和功能定位呢?

(一)规划指导原则

美丽乡村建设是一项长期而复杂的系统工程,需要根据当地实际情况,在县域总体规划等各类指导性文件的基础上制定细化的目标、内容和步骤。

在美丽乡村的规划中,必须充分考虑当地的自然、历史和文化特色,将传统元素与现代文明艺术融合起来,营造视觉河流和纵向骨架,构建出"优美、和谐、安全、有序"的乡村景观。在规划过程中,要以人文情怀为思维的核心,结合旅游资源优势和环境特点,注重绿化环保、生态餐饮、民宿度假等现代服务配套设施的开发。

同时,在规划中还要寻找实现经济和社会可持续发展的建议途径,如旅游、休闲、文化艺术体验、复合型、流动式农业露营广场等细分市场的开拓,创新依托现代技术发展的种植、养殖、加工模式,形成多元化的经济组合。这些都是为了在乡村环境中促进就业、提高农民收入,带动农民致富的同时,让游客感受到舒适愉悦的生活方式。

（二）因地制宜原则

在美丽乡村的建设中，因地制宜原则是长远发展的关键。长期以来，由于自然条件、交通运输等方面的限制，常山县内不断出现垂直分级带式的建设方案，即高速公路沿线特色村庄示范建设、石堰河流域改造工程、田园综合体开发、文化名村建设等建设项目。因此，当地政府在规划乡村建设计划时更应充分挖掘每个乡镇区域的内在品质及传承文化，注重生态保护，彰显自然与人文的风格和特色。

（三）分类推进原则

对于建设美丽乡村，我们必须在“普及化、品质化”的思路下努力实践“分类推进”这一策略。当下很多地方都推行了景区推进计划，该计划将会根据目标，详细设计发展计划，并安排负责人员进行实施，为自然景观提供保护和管理，这些市场化思路在美丽乡村的推进中也应该被采纳。例如，在常山县建设美丽乡村的过程中，可以采用梯度培育的方式推进乡村建设。在梯度培育中，可以将相邻地区的发展进行联动，使乡村形成起伏、彼此影响的态势。同时，还应因地制宜定制推进计划，分类明确年度建设目标和工作计划，有条不紊地推进美丽乡村示范村和“六美”乡村的创建。在实践过程中要严格质量管理，打造品牌，注重宣传和推广，确保取得实效。

总之，在建设美丽乡村的过程中，我们要始终奉行规划指导原则、因地制宜原则、分类推进原则，注重实施和监督，不断提升美丽乡村建设质量和水平，为乡村发展和新农村建设做出积极贡献。

四、美丽乡村建设的主要做法

城市化进程的不断推进，乡村地区的发展问题越来越受到关注。为了实现农村的可持续发展，美丽乡村建设成为当前的重要任务。美丽乡村建设的实践中，我们可以总结出一些主要的做法。

（一）因地制宜，把握发展方向

美丽乡村建设必须充分考虑乡村地域环境和资源特点，因地制宜地确定发展方向。首先，要科学评估土地资源、水资源、气候条件等自然环境因素，确定适宜的农业种植、畜牧业养殖等产业发展方向。其次，要考虑到当地人口结构、就业需求等社会经济因素，合理规划人口分布、就业布局等。此外，还要充分考虑当地的历文化、民俗风情等因素，保护和传承乡村的独特文化。

（二）发挥政府主导作用，促进各界参与

美丽乡村建设需要政府发挥主导作用，营造良好的政策环境和社会氛围。政府应制定相关的规划、政策和法律法规，明确美丽乡村建设的目标和任务。同时，政府要加大对农村基础设施建设、生态环境治理等方面的投入，提供必要的资金和技术支持。此外，政府还要积极引导和鼓励各界力量参与美丽乡村建设，形成全社会共同参与和共同发展的局面。

（三）强化产业发展，助推乡村建设

乡村经济的发展是美丽乡村建设的重要内容。要通过培育和发展农业产业、乡村旅游、农产品加工等多个领域的产业，推动乡村经济的转型升级。同时，要注重发展特色农业、有机农业等绿色农业，提高农产品的附加值和竞争力。此外，还要加强农村金融支持，提供适合农村发展的金融服务，解决乡村经济发展中的资金瓶颈问题。

（四）凸显历史、民族文化特色，传承中华优秀传统

美丽乡村建设不要注重物质建设，要注重文化建设。要通过保护和传承历史文化遗产，凸显乡村的历史、民族文化特色，打造具有地方特色和人文魅力的乡村景观。同时，要加强对传统手工艺、民间艺术等非物质文化遗产的保护和传承，激发乡村居民的文化自信和创造力。

美丽乡村建设的主要做法包括因地制宜，把握发展方向；发挥政府主导作用，促进各界参与；强化产业发展，助推乡村建设；凸显历史、民族文化特色，传承中华优秀传统。只有这样，我们才能实现乡村的全面发展，让乡村成为人们向往的美丽家园。

第三节　建设美丽中国全民绿色行动

在当前全球环境问题日益严重的情况下，保护和改善环境已成为每个人义不容辞的责任。因此，"建设美丽中国"已经成为众多政策联合起来的一个大目标，而"全民绿色行动"则是实现这个目标的必然要求。

需要强调的是，这不仅仅是一个政府或特定群体应承担的，而且是每个人的责任。每个人都应该从自己做起，采取具体措施，减少能源的使用、降低碳排放量、爱护环境等，积极投身到"建设美丽中国全民行动"中来。一份小小的力量汇聚在一起，必定会形成巨大的正能量，最终推动我们实现"美丽中国"的梦想。

"建设美丽中国全民行动"需要政府、企业、社会组织和每个人共同参与。只有通过合力而为，才能够让我们生活在更加美好、幸福和健康的环境之中。

一、开展全民绿色行动的重要意义

随着社会的发展和经济的快速增长，我们面临着越来越多的环境问题，例如水污染、空气污染、垃圾处理等。这些环境问题不仅影响了人们的生存环境，更严重的是损害了人们的身体健康。因此，开展全民绿色行动对于保护我们自己的生存环境、维护我们自己的健康发挥着至关重要的作用。

（一）开展全民绿色行动是以人民为中心理念的集中体现

全民绿色行动是以人民为中心理念的集中体现。它强调的是推进绿色发展方式和生活方式，以人民为中心，让人民有更好的生育环境和生活品质。通过开展全民绿色行动可以改变人们日常生活中的不良习惯和行为方式，比如节约用电、降低碳排放、垃圾分类等等。这些都是我们每个人力所能及的小事情，却能够为保护大自然做出一份贡献。这样的绿色行动也能够增强人们的环保意识和责任感，最终也可以呼吁更多的人积极参与到环保事业中。

（二）开展全民绿色行动是适应社会主要矛盾变化的必然要求

我们现在所面临的一大难题就是钢铁水泥等传统重工业产能过剩问题，如果不转变发展模式，很难面对这些问题。因此，在开展全民绿色行动的同时，还需要推进环境治理体系和治理能力的现代化，加强科技创新和环保技术的研发与应用，提升企业环保履责能力，淘汰落后的产业和产品，促进相应的经济结构调整，从而实现更加环保、可持续的发展。

（三）开展全民绿色行动是推进环境治理体系和治理能力现代化的重要抓手

开展全民绿色行动不仅强调个人责任和行动，也需要政府和社会机构的配合。政府应该加大对环保领域的投入力度，制定更为严格的相关环保法律和政策，并加大对环保检查和执法力度，严厉打击环境违法行为，引导企业和市民积极参与到全民绿色行动中来。社会机构应该加强信息宣传和教育培训，提高全民环保意识和素养水平，推广节能降耗和环保新技术、新产品等，营造良好的环境治理创新氛围，为建设美丽中国做出更大的贡献。

二、开展全民绿色行动取得的成效

自从国家开始实行“美丽中国”建设和开展全民绿色行动以来，环保意识正在逐步深入人心，公众的参与程度也在不断增加。今天我们就来看看这些努力所带来的成效。

首先，环保公众参与制度逐步建立。近年来，我国政府和各级环保部门在推进全民绿色行动方面采取了一系列有效措施，并建立了相关的政策体系和管理制度。例如，“垃圾分类”的普及、环保培训等，为全民参与环保提供了良好的机制和途径。现在，公众不仅可以通过互联网、社交媒体、公益组织等途径参与环保活动，还可以通过志愿者服务等方式贡献自己的力量。这些参与渠道使公众身边的环保知识得到了普及，也建立了公众参与环保的制度体系。

其次，公众参与生态环境保护的渠道增多、领域延伸。绿色生活的信念越来越广泛，人们对于环境保护的范围和覆盖面也越来越广。无论是在家庭垃圾分类、节能减排、保护野生动植物、保护水源地，还是在推广可再生能源、发展环保产业等方面，公众的参与均得到了持续的鼓励和支持。同时，政府也在逐步拓展公众参与绿色行动的范围，包括长江、黄河、海河等大型流域治理，加强重点区域生态保护。

最后，公众生态环保意识提高、行动增多。项目初期，由于许多公众缺乏对环保问题的认识，还没意识到身边环境问题的严重性。随着公众接受相关环保知识的不断深入，人们逐渐转变了观念，环保已经成为一种生活方式。更多的人开始注重垃圾分类、购买环保产品、避免野生动植物非法捕猎、拒绝使用一次性餐具、积极控制节约能源等等。这些改变不仅彰显了公众对于环保问题的认同，也体现了全民绿色行动的实际成效。

从公众参与制度逐步建立、环保渠道增多到公众生态环保意识提高，公众绿色行动在行动中不断获得新的成果。尽管这些成果还需要进一步巩固和发展，但是已经显示了环境保护工作正朝着更加美好、绿色和可持续性的方向前进的趋势。无疑，全民绿色行动取得的成果是值得肯定的，期待全民可以在这个基础上不断开创新的绿色未来。

三、开展全民绿色行动存在的问题

随着全球环境问题日益严重,绿色发展理念越来越被人们重视,而中国的美丽中国建设,开展全民绿色行动是其中的一项重要工作。然而在推进全民绿色行动的过程中,存在许多问题,需要全社会共同努力来解决。

首先,推进公众参与的制度机制还不完善。作为人类社会发展的基石,公众参与极为重要。在环保领域,推广环保的前提就是让公众了解环保的重要性,并激发公众的环保意识和责任感。而目前,我国环保部门为公众提供参与的机制和途径仍不够完善。目前,大多数地方尚未制定出合理的政策,如何让公众更好地参与到环保工作中仍是一个尚待解决的问题。此外,在一些环保活动过程中,公众访问难度增加,并面临着信息不透明等难题,导致公众的积极性受到很大的限制,许多优秀的环保意见和建议未能得到及时和有效的反馈和执行。

其次,全民行动的规模和效应滞后于绿色发展理念的要求。许多政府和非政府组织呼吁全民积极参与到环保行动中,尽快建立可持续发展的环境保护意识。然而,在现实情况下,全民环保行动的规模和效应仍旧滞后于这个时代的绿色发展理念。在家庭垃圾分类、环保节约能源等方面,大多数人尚未养成良好的习惯,以至于仍然存在很多问题。虽然政府和非政府组织已经推广了一些绿色倡议和活动,但由于全民参与程度有限,这些倡议和活动在推广效果和规模上存在巨大差距。对于这些问题,我们需要更加进一步深入发掘原因,围绕目前存在的问题,完善相关政策和法律环境,引导更多的人们认识到绿色生活对整个社会的重要性。

最后,实施全民绿色行动的保障不足。实际上,实施全民绿色行动需要巨大的投入,包括资金、技术、人力资源和人才等多方面。而事实上,在许多地区还未形成健全的保障机制,导致相关工作的推进困难重重。无论是在家庭垃圾分类、建设生态城市还是开展环境培训教育等方面,从保障政策的制定到实施过程中的监督结合,都需要不断完善方法和手段,确保各项保障工作更加有效、通畅和有序。

综上三点,开展全民绿色行动虽然取得了一定的成效,但是发展环境仍然不容乐观,政府和社会各界需要共同努力来解决这些问题,从而建设出一个更为美好、绿色和可持续性的生活环境。

四、开展全民绿色行动的创新举措

（一）运用系统思维，完善全民绿色行动制度设计

随着环保事业的不断发展和深入，全民绿色行动也已成为当今社会的重要议题之一。作为推进环保事业升级的主要方法，全民绿色行动的成功与否关系到整个社会的环保意识水平，需要我们精心设计和完善制度来支持和推动。而这就需要我们应用系统思维，进行全方位、多层次、宏观细致的制度设计。

一是定期开展生态环保公众参与现状调查研究。在制度设计中，我们需要了解公众对环保问题的看法和需求，以此为基础进行决策与规划。通过公众参与调查，我们可以了解到公众在环保上的认知度、态度和行为习惯等因素，然后根据其实际需求，提供更合适的环保政策。这样，我们才能真正把生态环境保护工作做好，使之成为一项受到广泛支持和理解的事业。

二是充分发掘环保社会组织的潜力，发挥其在推进全民绿色行动中的积极作用。环保社会组织作为环保工作中不可缺少的力量，在推进全民绿色行动的各个环节中发挥着十分重要的作用。因此，我们需要搜集和整合各地环保社会组织的信息，精心挑选优秀的组织机构，组建有效的运营团队，指导和支持社会组织在相关领域开展环保活动，同时，还要引导和鼓励更多的人加入社会组织，以及提高社会组织的专业化和标准化水平。这些措施都是极为必要和重要的，有助于形成全社会对全民绿色行动的共识，推动全民参与环保事业。

在实际制度设计过程中，我们需要准确把握全民绿色行动的基本性质和目标，充分考虑公众的意见和期望，紧密结合现实情况来进行制度的设计和调整。同时，也需要结合实现过程，注重制度与执行的融合互动，在实现环保目标和促进全民绿色行动方面始终贯彻实事求是、精准有效的办法。

总之，运用系统思维，完善全民绿色行动制度设计，是当今环保事业转型升级的必然趋势。无论是定期开展生态环保公众参与现状调查

研究，还是充分发掘环保社会组织的潜力，都需要我们在实践中积累经验、不断总结和创新，进一步推动全民绿色行动的落地和推广，重塑人与自然的和谐关系。

（二）运用创新思维开展生态环境宣教工作，为全民绿色行动注入源源不断的动力

全球社会和经济的快速发展，环境污染问题在日益恶化。为了适应环境保护工作的需要，我们必须采用新的方法和思维方式来传递环保理念，提高公众环保素养。创新思维正是实现这一目标的关键。

一是转变宣教思路。在过去，我们通常采用单一的宣传模式，将宣传内容简单地呈现给公众。但是现实情况已经证明，这种方式已经不能满足公众对于环保知识的需求。因此，我们需要转变教育宣传的方式和思路，从一个单一的视角去考虑和解决问题。例如，我们可以通过借鉴其他领域的成功案例，例如网络营销等方式，采用多元化的宣传方式，让更多人接受环保知识，进一步推动环境保护工作的开展。

二是创新宣教形式。在宣传环保方面，除了内容以外，形式也是非常重要的一环。我们需要寻找并使用与时俱进的宣传方式，让广大公众接受到更多的环保知识和参与环保活动。例如，我们可以使用互联网技术来实现多媒体的互动宣传、通过各种艺术形式来展示环保理念、发起线上线下的环保活动等等。这些新的宣传方式不仅能够吸引年轻人，还能把信息传递出去，实现环保意识的深入人心。

三是加强协调保障。在开展环保工作中，我们需要将宣传工作和相关政策、法律法规结合起来进行。我们需要制定一系列具有操作性的计划和政策来配合环保宣传，同时加强和公众的协调、沟通和配合。在这个过程中，政府是一个核心部门，需要加强对环境保护工作的领导和协调，同时，还需要发挥企业和社会力量的作用，真正地落实好环保责任和义务。

总之，运用创新思维开展生态环境宣教工作，是当今环保事业转型升级的必然趋势。无论是转变宣教思路、创新宣教形式还是加强协调保障，都需要我们充分利用现有资源、融合新的理念、借鉴新的模式，发挥创新思维、增强环保意识，促进环境保护工作的不断发展和进步。

（三）调整能源和产业结构，以科技创新推动发展

首先，优化能源结构，促进产业结构转型升级。我国是一个以煤炭为主的能源消耗大国，这造成了空气污染严重、自然生态受到破坏等问题。因此，我们需要加快转变经济发展方式，通过优化资源配置、节能减排等手段提高能源利用效率，重新调整能源结构。同时，我们还需要促进产业结构转型升级。在经济增长的过程中，要注重挖掘新的增长点，加快推进经济结构转型升级，精致发展，走出一条高水平、高质量、高效率的新发展路径。只有这样，才能真正厚植经济发展内生动力和可持续性。

其次，加强科技创新，大力实施创新驱动发展战略。科技是推动社会进步与发展的重要基石，加强科技创新也是建设美丽中国的必要条件。因此，我们需要大力实施创新驱动发展战略，优化科研人才队伍结构，增强创新的内生动力，通过政策、资金等多种手段推动科技创新。特别是在重点领域和关键环节，要突破技术壁垒，促进技术研发与产业应用的深度融合，提高经济发展的质量和效益。

参考文献

[1] 白晓慧，施春红. 生态工程原理及应用（第2版）[M]. 北京：高等教育出版社，2017.

[2]《学习新党章，永葆先进性》编写组. 学习新党章 永葆先进性 [M]. 北京：国家行政学院出版社，2013.

[3] 李斌雄，蒋耘中. 高校学生形势与政策教育引论 [M]. 北京：中国文史出版社，2014.

[4] 李娟. 中国特色社会主义生态文明建设研究 [M]. 北京：经济科学出版社，2013.

[5]《福建生态省建设进程中科技创新机制及其对策研究》课题组. 绿色科技创新与生态省建设 [M]. 哈尔滨：东北林业大学出版社，2004.

[6] 黄南. 现代产业体系构建与产业结构调整研究 [M]. 南京：东南大学出版社，2011.

[7] 李剑. 使命与责任感悟新常态下的"向污染宣战"[M]. 呼和浩特：远方出版社，2015.

[8] 王春益. 生态文明与美丽中国梦 [M]. 北京：社会科学文献出版社，2014.

[9] 黄南. 城市产业结构调整新论 [M]. 北京：中国社会科学出版社，2014.

[10] 杜祥琬，谢和平，刘世锦，等. 生态文明建设的重大意义与能源变革研究第1卷 [M]. 北京：科学出版社，2017.

[11] 王天恩，邱仁富. "生态文明与中国哲学社会科学学术话语体系建设"高端论坛文集 [M]. 上海：上海大学出版社，2018.

[12] 张金鹏，郭昭昭，赵勇，等. 中国特色社会主义理论与实践研究 [M]. 合肥：合肥工业大学出版社，2013.

[13] 中国生态文明研究与促进会组织，陈宗兴，祝兴耀. 生态文明建

设理论卷 [M]. 北京：学习出版社，2014.

[14] 文选德. 中国传统文化之“中”与“和”思想研究启示篇 [M]. 长沙：湖南人民出版社，2015.

[15] 冯国权，刘军民，刘成海，等. 聚焦“十三五”若干问题深度解析 [M]. 北京：国家行政学院出版社，2015.

[16] 本书编委会. 学习习近平总书记系列重要讲话当前党政干部关注的重大理论问题（2016 年版）[M]. 北京：中共中央党校出版社，2016.

[17] 国家环境保护总局办公厅. 环境保护文件选编 2013（上）[M]. 北京：中国环境科学出版社，2016.

[18] 赵建军. 实现美丽中国梦开启生态文明新时代 [M]. 北京：人民出版社，2018.

[19] 刘先春. “四个全面”引领民族复兴的四维支撑 [M]. 兰州：兰州大学出版社，2017.

[20] 廖小明. 生态正义基于马克思恩格斯生态思想的研究 [M]. 北京：人民出版社，2016.

[21] 丁兆梅. 中国特色社会主义理论体系的基本特征研究 [M]. 北京：中国社会科学出版社，2014.

[22] 李娟. 绿色发展与国家竞争力 [M]. 北京：经济科学出版社，2018.

[23] 郭红梅，冯秀军. “毛泽东思想和中国特色社会主义理论体系概论”问题链教学详案 [M]. 北京：中国人民大学出版社，2017.

[24] 朱远，吴涛. 生态文明建设与城市绿色发展 [M]. 北京：人民出版社，2014.

[25] 中国生态文明研究与促进会. 中国生态文明研究与促进会生态文明重在践行第二届（珠海）年会资料汇编 [M]. 北京：中国环境科学出版社，2013.

[26] 中共漳州市委党委，闽南师范大学闽南文化研究院. “漳台关系与闽南文化”学术研讨会论文汇编 [C]. 中共漳州市委党委；闽南师范大学闽南文化研究院，2014.

[27] 王涌涛，张巍，陈家模. 知行合一：高校机关管理服务的理论与实践 [M]. 大连：大连理工大学出版社，2016.

[28] 梁丹丹. 中国特色社会主义总体布局的历史演进研究 [M]. 北京：中国社会科学出版社，2017.

[29] 张鸿春. 三线风云：中国三线建设文选第 3 集 [M]. 成都：四川人民出版社，2017.

[30] 刘海峰，欧七斤. 中国大学校史研究的回顾与前瞻 [M]. 厦门：厦门大学出版社，2016.

[31] 李明泉. 田野的风社会主义新农村文化建设研究 [M]. 北京：光明日报出版社，2016.

[32] 张艳国. 国家治理与中国道路 [M]. 北京：中国社会科学出版社，2015.

[33] 李友梅. 大学生入党教材第 3 版 [M]. 上海：上海大学出版社，2013.

[34] 中共北京市委党校马克思主义理论研究中心. 中国生态文明建设理论与实践 [M]. 北京：中国社会科学出版社，2018.

[35] 侯旺森，刘建群. 申论简易通关 [M]. 北京：清华大学出版社，2013.

[36] 李永新. 中公内部讲义配套习题集：申论 2014 最新版 [M]. 北京：人民日报出版社，2013.

[37] 上海市哲学学会，高慧珠. 唯物史观新视野与新发展理念研究 [M]. 上海：上海人民出版社，2019.

[38] 吕忠梅，吕忠梅，刘超，等. 环境法学概要 [M]. 北京：法律出版社，2016.

[39] 原静. 低碳经济与旅游经济发展研究 [M]. 青岛：中国海洋大学出版社，2019.

[40] 侯国林. 苏南旅游产业低碳化转型的系统模式与绩效评价 [M]. 北京：科学出版社，2015.

[41] 冯颜利，白锡能. 中国发展道路与中国梦的理论与实践：第八届全国马克思主义院长论坛会议论文集 [M]. 桂林：广西师范大学出版社，2016.

[42] 赵成，于萍. 马克思主义与生态文明建设研究 [M]. 北京：中国社会科学出版社，2016.

[43] 周宗杰. 形势与政策导读 2013[M]. 成都：四川大学出版社，2013.

[44] 王立胜. 新发展理念 [M]. 北京：中共中央党校出版社，2021.

[45] 环境保护总局办公厅. 环境保护文件选编 2015（下）[M]. 北京：

中国环境科学出版社,2018.

[46] 张守文. 经济法研究第 10 卷 [M]. 北京：北京大学出版社，2012.

[47] 王宏巍，孙巍，孟琦. 环境法学概论 [M]. 北京：科学出版社，2021.

[48] 中国辩证唯物主义研究会. 马克思主义哲学论丛 [M]. 北京：社会科学文献出版社，2016.

[49] 欧阳志远，史作廷，石敏俊，杨德伟，龙如银，周宏春，林思佳，郭瑞芳，王宇杰. "碳达峰碳中和"：挑战与对策 [J]. 河北经贸大学学报，2021，(5).

[50] 李蕴. 大力发展循环经济的对策 [J]. 中国商论，2017（21）.

[51] 朱幺武. 低碳经济：人类经济发展方式的新变革 [J]. 营销界，2021（5）.

[52] 薛念涛，李建民，董志英，杨博琼. 基于产业结构优化升级的生态环境保护研究 [J]. 安徽农业科学，2017（31）.

[53] 陈娟. 加快发展方式绿色转型的路径思考 [J]. 江南论坛，2023（4）.

[54] 张奕民. 绿色科技创新的运行本质研究 [J]. 林业经济问题，2006（4）.

[55] 董勇. 浅谈环境污染及防治措施 [J]. 现代农村科技，2018（1）.

[56] 杨玲. 生态文明建设下产业结构调整与优化研究 [J]. 大连干部学刊，2016（10）.

[57] 陆昊. 提升生态系统多样性、稳定性、持续性 [J]. 党史纵横，2023（3）.

[58] 胡玉国. 生态文明法治建设的路径选择 [J]. 国家治理，2021(6).

[59] 徐钰然，张建英. 全球生态治理面临的问题与对策 [J]. 社会主义论坛，2023（3）.

[60] 张劲松. 中国地方生态治理的主要难点与对策 [J]. 国家治理，2017（40）.